3ds Max初级建模

主　编　杨晓波

副主编　郭霖蓉　马　璿　赵雪娇

主　审　王聪华

北京理工大学出版社

BEIJING INSTITUTE OF TECHNOLOGY PRESS

内 容 提 要

本书共8章，内容包括3ds Max 2015基础知识、利用三维对象创建模型、曲线与建模、编辑修改器、复合几何体建模、材质贴图、灯光和摄像机、动画制作。本书从教学实际需求出发，图文结合，用实例引导读者学习，深入浅出地介绍了3ds Max 2015的相关知识、操作技巧，重在培养学生的实际动手能力和基础操作能力，具有较强的实用性和可操作性。

本书可作为高等院校数字媒体专业及相关专业的教材，也可作为相关设计工作者的参考用书。

图书在版编目（CIP）数据

3ds Max初级建模/杨晓波主编.—北京：北京理工大学出版社，2018.9
ISBN 978-7-5682-6166-1

Ⅰ.①3… Ⅱ.①杨… Ⅲ.①三维动画软件 Ⅳ.①TP391.414

中国版本图书馆CIP数据核字（2018）第211669号

出版发行 / 北京理工大学出版社有限责任公司
社　　址 / 北京市海淀区中关村南大街5号
邮　　编 / 100081
电　　话 / （010）68914775（总编室）
　　　　　 （010）82562903（教材售后服务热线）
　　　　　 （010）68948351（其他图书服务热线）
网　　址 / http：//www.bitpress.com.cn
经　　销 / 全国各地新华书店
印　　刷 / 北京紫瑞利印刷有限公司
开　　本 / 787毫米×1092毫米　1/16
印　　张 / 12.5
字　　数 / 273千字
版　　次 / 2018年9月第1版　2018年9月第1次印刷
定　　价 / 62.00元

责任编辑 / 高　芳
文案编辑 / 赵　轩
责任校对 / 周瑞红
责任印制 / 李志强

前言 Foreword

　　3ds Max 2015是Autodesk公司推出的三维建模和动画制作软件，功能强大，易学易用，深受三维动画设计人员的喜爱，被广泛应用于影视特技、电视广告与栏目包装、建筑表现与漫游动画、动画短片制作和游戏制作等领域。我国很多院校的数字媒体技术和艺术等相关专业都将3ds Max作为一门重要的专业课程。

　　本书共分为8章，主要内容如下：

　　第1章介绍了3ds Max 2015基础知识，内容包括软件的操作界面和软件中相应功能的基本概念以及对象的基本操作。

　　第2章介绍了利用三维对象创建基本模型，其中包括标准基本体和扩展基本体，同时讲解了部分修改器，让读者初步了解材质、灯光和摄像机。

　　第3章介绍了曲线与建模，主要讲解了二维样条线及其特点以及利用其进行建模的方法。

　　第4章介绍了编辑修改器，主要讲解了"修改"命令面板的使用方法以及常用修改器。

　　第5章介绍了复合几何体建模，主要包括放样和布尔运算等复合建模方法。

　　第6章介绍了材质贴图，主要通过实例讲解了几种常用材质和贴图的使用方法。

　　第7章介绍了灯光和摄像机，主要通过实例讲解了标准灯光、光度学目标灯光的使用方法以及摄像机方面的知识。

　　第8章介绍了动画制作的基本概念、关键点动画设置、摄像机动画制作、轨迹视图和渲染输出设置。

　　本 书 内 容 新

颖，版式美观，步骤详细，实例丰富，实用性强。实例按知识点的应用和难易程度进行安排，从易到难，循序渐进地介绍各种模型的制作。一步一图，易懂易学。每一个操作步骤都用图文结合的方式讲解，使读者在学习的过程中能够直观、清晰地看到操作的过程和效果，以便理解。本书尤其适合初学者使用。

本书提供了丰富的教学资源，每个实例和课后练习题都提供了场景和贴图等文件。这些教学资源，读者可登录网站www.bitpress.com.cn，注册之后进行免费下载。

本书由杨晓波编写第1章、第2章和第3章，马璿编写第4章和第5章，郭霖蓉编写第6章和第7章，赵雪娇编写第8章。龚啸、何东琴、李欣亮、马光明、叶梦雪、崔佳楠等对本书的编写提供了帮助，在此对他们的辛苦付出表示感谢。

由于编者水平有限，书中难免存在错误和不足之处，敬请广大读者批评指正。

编　者

第 1 章　3ds Max 2015 基础知识

3ds Max 是一个功能强大的三维动画制作软件，可以制作非常逼真的三维对象和动画场景。它被广泛应用于高质量动画制作、游戏开发和设计效果图表现等领域，完全满足了三维设计师的设计需求，成为许多三维设计师的设计开发软件，赢得了众多业内人士的青睐。

1.1　3ds Max 2015 软件的操作命令

1.1.1　启动与退出软件

在安装了 3ds Max 软件后，便可以进行启动与退出软件的操作。

1．启动软件

启动 3ds Max 2015 软件的方法有以下两种：

（1）双击桌面上的 Autodesk 3ds Max 2015 图标。

（2）选择"开始"→"所有程序"→ Autodesk → Autodesk 3ds Max 2015 → 3ds Max 2015 命令。

2．退出软件

退出 3ds Max 2015 软件的方法有以下三种：

（1）单击 Autodesk 3ds Max 2015 窗口右上角的"关闭"按钮退出。

（2）单击左上角的"应用程序"按钮，在下拉菜单中选择"退出 3ds Max"命令。

（3）按 Alt+F4 组合键，退出 3ds Max 2015 软件。

1.1.2　新建文件和重置文件

1．新建文件

新建文件可以清除当前场景中的所有内容，而无须再更改系统设置，也可以在新建场景里保留现有场景中的对象，以便在新的场景中继续使用。

新建文件有以下两种方法。

（1）单击左上角的"应用程序"按钮，然后在下拉菜单中选择"新建"命令。

（2）按 Ctrl+N 快捷键，快速新建一个文件。

2．重置文件

重置文件可以消除 3ds Max 里所有的数据并恢复到软件刚启动时的状态，同时清除场景，所有工具的位置将恢复到默认值。重置功能可以快速还原 3ds Max 的默认设置，并且可以移除当前场景所做的任何自定义设置。

重置文件有以下方法。

（1）单击左上角的"应用程序"按钮，然后在下拉菜单中选择"重置"命令。

（2）在弹出的 3ds Max 对话框中，选择是否重置，如果要重新建立一个新文件，就单击"是"按钮；如果要保持原有状态，就单击"否"按钮，如图 1-1 所示。

图1-1　选择是否重置文件

1.1.3　打开文件与保存文件

在 3ds Max 2015 中，一次只能打开一个场景。打开文件和保存文件是所有 Windows 应用程序的基本命令。这两个命令都在菜单栏的"文件"菜单中。

1．打开文件

打开文件的方法有以下两种：

（1）单击左上角的"应用程序"按钮，然后在下拉菜单中选择"打开"命令，在弹出的"打开文件"对话框中，找到要打开的文件，单击"打开"按钮即可，如图 1-2 所示。

图1-2　"打开文件"对话框

（2）按 Ctrl+O 快捷键，可以快速打开文件。

2．保存文件

保存文件的方法有以下三种：

（1）单击左上角的"应用程序"按钮，然后在下拉菜单中选择"保存"命令，在弹出的"文件另存为"对话框中，设置要保存的文件名和保存的路径，单击"保存"按钮即可，如图 1-3 所示。

图1-3 "文件另存为"对话框

（2）按 Ctrl+S 快捷键，可以快速保存文件。

（3）单击左上角的"应用程序"按钮，然后在下拉菜单中选择"另存为"命令，在弹出的"文件另存为"对话框中，设置要保存的文件名和保存的路径，但是要和"保存"命令操作中设置的文件名称有所区分，完成后单击"保存"按钮即可。这种方法适用于一个场景多次修改后需分别保存的情况。

1.1.4 导入文件与导出文件

在 3ds Max 2015 中，使用"导入"命令可以加载或合并不是 3ds Max 场景文件的几何体文件，使用"导出"命令可以采用各种格式转换和导出 3ds Max 场景文件。

1．导入文件

（1）单击左上角的"应用程序"按钮，然后在弹出的下拉菜单中选择"导入"命令，弹出"选择要导入的文件"对话框，如图 1-4 所示。

（2）在"选择要导入的文件"对话框中可以选择要导入的文件，在"文件类型"下拉列表中可以选择要导入的文件格式，包含 3ds、dxf、dwg 等格式。

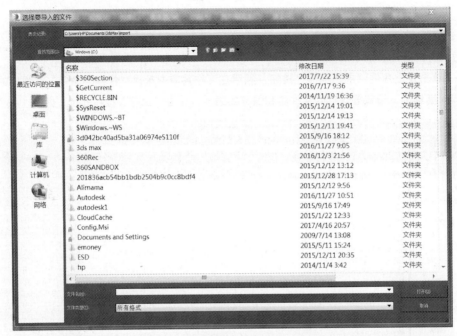

图1-4 "选择要导入的文件"对话框

2．导出文件

（1）单击左上角的"应用程序"按钮，然后在弹出的下拉菜单中选择"导出"命令，弹出"选择要导出的文件"对话框，如图 1-5 所示。

（2）在"选择要导出的文件"对话框中可以选择要导出的文件，在"保存类型"下拉列表中可以选择要导出的文件格式，包含 3ds、dxf、stl 等格式。

图1-5 "选择要导出的文件"对话框

1.2　3ds Max 2015 的操作界面

运行 3ds Max 后，进入软件操作界面，首先就能看到视图和面板，是 3ds Max 的主要操作板块，利用其配合其他的工具可以制作各种模型。

1.2.1　3ds Max 2015 系统界面简介

运行 3ds Max 2015 后，可以看到该软件的操作界面具有标准且浓厚的 Windows 风格，界面布局合理且易于操作，并允许用户根据个人习惯和操作需要来改变界面布局。

3ds Max 2015 的操作界面主要由图 1-6 所示的几个区域组成。

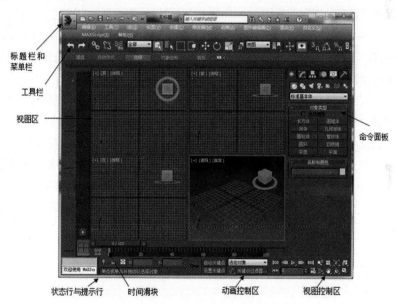

图1-6　3ds Max 2015的操作界面主要组成

1.2.2　标题栏和菜单栏

1．标题栏

（1）█ "应用程序"按钮：单击此按钮时会显示应用程序菜单提供的文件管理命令。

（2）█████████ "快速访问工具栏"：该工具栏提供了操作时最常用的文件管理命令，如 █（新建）、█（打开）、█（保存）、█（撤销）和 █（重做）。

（3）█████████ "信息中心"：此工具栏可访问到 3ds Max 和其他 Autodesk 产品相

关信息。

2．菜单栏

菜单栏位于标题栏下方，包含 12 个主菜单。

（1）"编辑"菜单：可用于对场景的编辑，包括撤销、保存、复制和删除等命令。

（2）"工具"菜单：提供各种常用工具，这些工具建模时会经常用到。

（3）"组"菜单：该菜单中的命令可将多个对象编辑成组，或者将组分解成独立的对象。编辑组是在场景中组织对象的常用方法。

（4）"视图"菜单：该菜单中的命令主要用来控制视图的显示方式以及设置视图的相关参数。

（5）"创建"菜单：提供包括创建的所有命令，与创建命令面板中相同。

（6）"修改器"菜单：用户可直接通过该菜单进行操作，在对场景中对象进行修改时，与界面右侧的修改命令相同。

（7）"动画"菜单：包含了设置反向运动学求解方案、设置动画约束和动画控制器、给对象的参数之间增加配线参数以及动画预览等命令。

（8）"图形编辑器"菜单：包括曲线编辑器、摄影表编辑器、图解视图、粒子视图和运动混合器等，是场景元素间关系的图形化视图。

（9）"渲染"菜单：该软件的重要菜单，包括渲染、环境设置和效果设定等命令，用于控制渲染着色、视频合成、环境设置等。模型建立后，材质 / 贴图、灯光、摄像这些特殊效果在视图区是看不到的，只能在经过渲染后才能在渲染窗口内看到。

（10）"自定义"菜单：在该菜单中，用户可根据个人习惯和操作需求来创建个人的工具和工具面板，设置快捷键。

（11）"MAXScript"菜单：用户可以编辑一些脚本语言的短程序用以控制动画的制作。该菜单中包括创建、测试和运行脚本等命令，使用该脚本语言，可以通过编写一些脚本来实现对 3ds Max 2015 的控制，同时还可以将 3ds Max 文件和外部的文本文件、表格文件等链接起来。

（12）"帮助"菜单：提供对用户的帮助功能，包括对 Max Script 的帮助、快捷键、第三方插件和新产品等信息。

1.2.3　工具栏

通过工具栏可以快速访问 3ds Max 中多种常见任务的操作工具和对话框，如图 1-7 所示。其中一些按钮的右下角有一个"小三角"，表明其中有隐藏的按钮。单击该按钮不放，会展开一组新的按钮，然后将光标移到相应的按钮上，即可选择该按钮，如图 1-8 所示。

图1-7　工具栏

（1）↶ ↷ "撤销"和"重做"按钮：分别是撤销场景操作和重做场景。

（2）⚭ "选择并链接"按钮：链接两个对象作为子和父，并定义它们的层级关系。子级会继承应用父级的变换操作（包括移动、旋转和缩放等），但子级的改变对父级没有影响。

（3）⚭ "断开当前选择链接"按钮：移除两个对象之间的层级关系。

（4）"绑定到空间扭曲"按钮：把当前选择附加到空间扭曲。

（5）过滤器列表：如图1-9所示，使用该列表可以限制由选择工具选择的对象的特定类型和组合。

（6）"选择对象"按钮：用户可选择对象或子对象以继续进行操作。

（7）"按名称选择"按钮：单击该按钮会弹出"从场景选择"对话框，从当前场景中的所有对象列表中选择对象。

（8）"矩形选择区域"按钮：用户可在视口中以矩形框选区域。选择区域工具还有（圆形选择区域）、（围栏选择区域）、（套索选择区域）和（绘制选择区域）等。

图1-8　区域选择组按钮　　　图1-9　过滤器列表

（9）"窗口/交叉"按钮：按区域选择时，单击该按钮可在窗口和交叉模式之间切换。应用（交叉）模式时，可选择区域内或与区域边界交叉的任何对象和子对象。应用（窗口）模式时，只能选择所选内容内的对象或子对象。

（10）"选择并移动"按钮：当此按钮处于激活状态时，单击对象并拖动鼠标可移动该对象。若移动单个对象，则无须先单击该按钮。

（11）"选择并旋转"按钮：当该按钮处于激活状态时，单击选择对象并拖动鼠标进行旋转操作。

（12）"选择并均匀缩放"按钮：用户可沿所有3个轴以相同量缩放对象并同时保持对象的原始比例。此按钮是组按钮。（"选择并非均匀缩放"按钮）可根据活动轴约束并以非均匀方式缩放对象。（"选择并挤压"按钮）可根据活动轴约束来缩放对象。

（13）"参考坐标系"列表：用户可根据个人习惯和操作需要改变不同坐标系的参考方式，如图1-10所示。

（14）"使用轴点中心"按钮：用户可用该按钮确定缩放和旋转操作几何中心的3种访问方法。（"使用轴点中心"按钮）可围绕其各自轴点进行缩放或旋转操作一个或多个对象。（"使用选择中心"按钮）可围绕其共同的几何中心进行缩放或旋转操作一个或多个对象。（"使用变换坐标中心"按钮）可围绕当前坐标系进行缩放或旋转操作一个或多个对象。

图1-10　"参考坐标系"列表

（15）"选择并操作"按钮：用户可通过在视口中拖动"操纵器"编辑某些对象、修改器和控制器的参数。

（16）"键盘快捷键覆盖切换"按钮：用户可在只使用主用户界面快捷键和同时使用主快捷键和组快捷键之间切换。用户也可以在"自定义用户界面"对话框中自定义键盘快捷键。

（17）"捕捉开关"按钮：（"3D捕捉"按钮）可以捕捉3D空间中的任何几何体，此按钮为默认按钮，用于创建和移动所有尺寸的几何体，不考虑平面构造；（"2D捕捉"按钮）只捕捉活动构建栅格，包括平面上的几何体，而不考虑z轴或垂直尺寸；（"2.5D捕捉"按钮）只捕

捉活动栅格上对象投影的顶点或边缘。

（18）⚊ "角度捕捉切换" 按钮：可用于确定多数功能的增量旋转。默认设置为以 5° 增量进行旋转。

（19）⚊ "百分比捕捉切换" 按钮：可用于通过指定的百分比增加对象的缩放。

（20）⚊ "微调器捕捉切换" 按钮：可用于设置 3ds Max 中所有微调器的单个单击增加值或减小值。

（21）⚊ "编辑命名选择集" 按钮：单击该按钮可弹出 "编辑命名选择" 对话框，可用于管理子对象的命名选择集。

（22）⚊ "镜像" 按钮：单击该按钮会弹出 "镜像" 对话框，用户可以在镜像一个或多个对象的方向时，移动这些对象。此对话框还可以用于围绕当前坐标系中心镜像当前选择。同时也可以创建克隆对象。

（23）⚊ "对齐" 按钮：该组按钮为用户提供了 6 种不同的对齐工具。⚊（"对齐" 按钮）：单击该按钮并选择对象，将弹出 "对齐" 对话框，使用该对话框可将当前选择与目标对象对齐。目标对象的名称将显示在 "对齐" 对话框的标题栏中。执行子对象对齐时，"对齐" 对话框的标题栏会显示为对齐子对象的当前选择。⚊（"快速对齐" 按钮）可将当前选择的位置与目标对象的位置立即对齐。单击⚊（"法线对齐"）按钮会弹出对话框，基于每个对象的面或选择的法线方向将两个对象对齐。⚊（"放置高光" 按钮）可将灯光或对象对齐到另一对象，方便进行精确定位其高光或反射。⚊（"对齐摄像机" 按钮）可将摄像机与选定的面的法线对齐。⚊（"对齐到视图" 按钮）一般用于显示 "对齐到视图" 对话框，使用户可以将对象或子对象的局部轴与当前视图对齐。

（24）⚊ "层管理器" 按钮：可以创建和删除层的无模式对话框，也可以查看和编辑场景中所有层的设置以及相关的对象。单击该按钮，可以打开 "层" 对话框，在该对话框中可以指定光能传递中的名称、可见性、渲染性、颜色以及对象和层的包含关系。

（25）⚊ "切换功能区" 按钮：单击该按钮可以打开或关闭石墨建模工具。石墨建模工具代表一种用于编辑网格和多边形对象的新范例。它具有基于上下文的自定义界面，该界面提供了完全特定于建模任务的所有工具，且仅在用户需要相关参数时才提供对应的访问权限，从而最大限度地避免屏幕上出现杂乱现象。

（26）⚊ "曲线编辑器" 按钮：曲线编辑器是一种轨迹视图模式，用于以图表上的功能曲线来表示运动。利用它，用户可以查看运动的插值和软件在关键帧之间创建的对象变换。使用曲线上找到的关键点的切线控制柄，可以轻松查看和控制场景中各个对象的运动和动画效果。

（27）⚊ "图解视图" 按钮：图解视图是基于节点的场景图，通过它可以访问对象属性、材质、控制器、修改器、层次和不可见场景关系，如关联参数和实例。

（28）⚊ "材质编辑器" 按钮：材质编辑器提供创建和编辑对象材质以及贴图的功能。

（29）⚊ "渲染设置" 按钮：单击该按钮，会弹出 "渲染场景" 对话框，对话框中具有多个面板，面板的数量和名称因活动渲染器而异。

（30）⚊ "渲染帧窗口" 按钮：会显示渲染输出。

（31）⚊ "快速渲染" 按钮：单击该按钮可以使用当前产品级渲染设置来渲染场景，而无须显示 "渲染场景" 对话框。

1.2.4　笛卡尔空间与视图

3ds Max 内建了一个几乎无限大而又全空的虚拟三维空间，这个三维空间是根据笛卡尔空间坐标系统构成的，因此3ds Max 虚拟空间中的任何一点都能用X、Y、Z 3个值来精准的定位，如图 1-11 所示。

x轴、y轴、z轴中的每一根轴都是一条两端无限延伸的不可见的矢量直线。每一根轴与其他两根轴都呈直角（90°），也就是说这3根轴互相垂直。它们的交点就是虚拟三维空间的中心点，称为世界坐标系原点。每

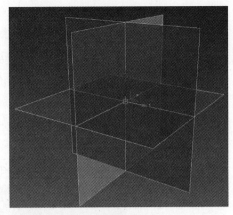

图1-11　笛卡尔空间中的x轴、y轴、z轴

两根轴组成一个平面，分别是 xy 面、yz 面和 xz 面，这3个平面在 3ds Max 系统中被称为主栅格，它们分别对应着不同的视图。在默认情况下，通过鼠标拖动的方式创建模型时，都将以某个主栅格平面为基础。

3ds Max 系统的视图区默认设置为4个视图，分别是顶视图、前视图、左视图和透视图，在每个视图的左上角都有视图名称标识。其中顶视图、前视图和左视图为正交视图，能够精准地表现物体的高度和宽度以及物体之间的相对关系，而透视图则是与日常生活中的观察角度相同，符合近大远小的透视原理。4个视图的对应关系如图 1-12 所示。

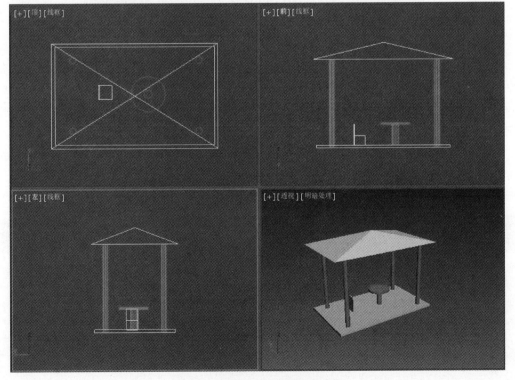

图1-12　默认的四个视图的分解效果

视图工作区占软件界面的主要空间，因为视图工作区是创建场景对象的工作空间。在一个视图中对物体对象进行修改，其余视图中物体对象也会同时更改。对物体进行修改时，可以在多个视图中进行，也可以只针对一个视图进行。如果在场景中创建摄像机，透视图可以切换为摄像机视图。顶视图、前视图和左视图相当于物体在相应方向的平面投影，或沿 x 轴、y 轴、z 轴所看到的场景，而透视图则是从某个角度所看到的场景。

1．激活透视图为当前视图

在透视图上单击，即可以将透视图转换为当前视图，被激活的视图区有一个黄色框线出现，如图 1-13 所示。激活其他视图的方法和激活透视图是一样的。

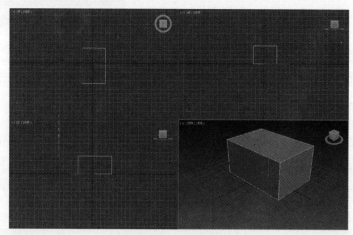

图1-13　激活视图

2．调整视图区大小

在 3ds Max 2015 中，各视图的大小也不是固定不变的，将光标移到视图的交界处，当光标变为"十"字形状，按住鼠标左键不放并拖曳鼠标，就可以调整视图的大小。如果想恢复到原始的均匀分布的状态，可以在视图的交界处右击，在弹出的快捷菜单中选择"重置布局"命令，即可复位视图。

3．切换视图

四个视图的类型是可以改变的，激活视图后，按下相应的快捷键，就可以实现视图之间的切换。视图类型对应的快捷键如表 1-1 所示。

表1-1　视图类型对应的快捷键

视图类型		快捷键
中文名称	英文名称	
顶视图	Top	T
底视图	Bottom	B
左视图	Left	L
右视图	Right	R
用户视图	Use	U
前视图	Front	F
透视图	Perspective	P
摄像机视图	Camera	C

切换视图还可以用另一种方法：在每个视图的视图类型标识上右击，会弹出快捷菜单，如图1-14所示。在弹出的快捷菜单中选择要切换的视图类型即可。

4．三色世界空间三轴架

三色世界空间三轴架显示在每个视口的左下角。世界空间3个轴的颜色分别是红色（x轴）、绿色（y轴）、蓝色（z轴）。三轴架通常指世界空间而无论当前是什么参考坐标系。

5．ViewCube

ViewCube 3D 导航控件提供了视图当前方向的视觉反

图1-14　右击视图类型切换视图

馈，让用户可以调整视图方向以及在标准视图与等距视图间进行切换。ViewCube 处于活动状态时，默认情况下会显示在活动视口的右上角，如果处于非活动状态，则会叠加在场景之上。它不会显示在摄像机、灯光、图形视口或其他类型的视图中。当 ViewCube 处于非活动状态时，其主要功能是根据模型的 y 轴显示场景方向。

当用户将光标置于 ViewCube 上方时，它将变成活动状态。单击鼠标，用户可以切换到一种可用的预设视图中、旋转当前视图或者更换到模型的"主栅格"视图中。右击鼠标可以打开具有其他选项的上下文菜单。

1.2.5　视图控制区

视图调节工具位于 3ds Max 2015 界面的右下角，图 1-15 所示为标准的 3ds Max 2015 视图调节工具，根据当前激活视图的类型，视图调节工具会略有不同。当选择一个视图调节工具时，该按钮呈蓝色显示，表示对当前激活视图窗口来说该按钮是激活的，在激活窗口中右击可关闭该按钮。

图1-15　单击视图类型切换视图

（1） "缩放"按钮：单击该按钮，在任意视图中按住鼠标左键不放，上下拖曳鼠标，可以拉近或推远场景。

（2）"缩放所有视图"按钮：用法同"缩放"按钮基本相同，不同的是，该按钮影响的是当前所有可见视图。

（3）"最大化显示选定对象"按钮：将选定对象或对象集在活动透视或正交视口中居中显示。当要浏览的对象在复杂场景中丢失时，该控件非常有用。

（4）"最大化显示"按钮：将所有可见对象在活动透视或正交视口中居中显示。当在单个视口中查看场景的各个对象时，该控件非常有用。

（5）"所有视图最大化显示"按钮：将所有可见对象在所有视口中居中显示。当希望在每个可用视口的场景中看到各个对象时，该控件非常有用。

（6）"所有视图最大化显示选定对象"按钮：将选定对象或对象集在所有视口中居中显示。当要浏览的对象在复杂场景中丢失时，该控件非常有用。

（7）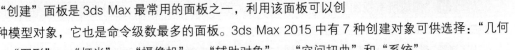"缩放区域"按钮：使用该按钮可放大在视口内拖动的矩形区域。仅当活动视口是正交、透视或用户三向投影视图时，该控件才可用。该控件不可用于摄像机视口。

（8）"视野"按钮：该按钮只能在透视图或摄像机视图中使用，单击此按钮，按住鼠标左键不放并拖曳鼠标，视图中相对视野及视角会发生远近的变化。

（9）"平移视图"按钮：在任意视图中拖曳鼠标，可以移动视图窗口。

（10）"选定的环绕"按钮：将当前选择的中心用作旋转的中心。当视图围绕其中心旋转时，选定对象将保持在视口中的同一位置上。

（11）"环绕"按钮：将视图中心用作旋转中心。如果对象靠近视口的边缘，它们可能会旋出视图范围。

（12）"环绕子对象"按钮：将当前选定子对象的中心用作旋转的中心。当视图围绕其中心旋转时，当前选择将保持在视口中的同一位置上。

（13）"最大化视口切换"按钮：单击该按钮，当前视图将全屏显示，便于对场景进行精细编辑操作。再次单击该按钮，可恢复原来的状态。其快捷键为 Alt+W。

1.2.6 命令面板

命令面板是 3ds Max 的核心部分，默认状态下位于整个窗口界面的右侧。命令面板由6个用户界面面板组成，使用这些面板可以访问3ds Max 的大多数建模功能，以及一些动画功能、显示选择和其他工具。每次只有一个面板可见，默认状态下打开的是 （"创建"面板）。要显示其他面板，只需单击命令面板顶部的相应面板按钮即可切换至不同的命令面板，从左至右依次为 （创建）、 （修改）、 （层级）、 （运动）、 （显示）和 （工具），如图1-16所示。

面板上标有"+"按钮或者"-"按钮的即是卷展栏。卷展栏的标题左侧带有"+"表示卷展栏已卷起，有"-"表示卷展栏已展开，通过单击"+"按钮或者"-"按钮可以展开或卷起卷展栏。

图1-16 命令面板

1. "创建"面板

"创建"面板是 3ds Max 最常用的面板之一，利用该面板可以创建各种模型对象，它也是命令级数最多的面板。3ds Max 2015 中有 7 种创建对象可供选择："几何体"、"图形"、"灯光"、"摄像机"、"辅助对象"、"空间扭曲"和"系统"：

（1）"几何体" ：用于创建标准基本体、扩展基本体、合成造型、粒子系统和动力学物体等。

（2）"图形" ：用于创建二维图形，可沿某个指定路径放样生成三维造型。

（3）"灯光" ：用于创建泛光灯、聚光灯和平行灯等。每种灯光都可以用来模拟现实中相应灯光的效果。

（4）"摄像机" ：可以创建目标摄像机或自由摄像机。

（5）"辅助对象" ：可以创建起辅助作用的特殊物体。

（6）"空间扭曲" ：可以创建空间扭曲以及模拟风、引力等特殊效果。

（7）"系统" ■：可以生成骨骼等特殊物体。

单击其中的一个按钮，可以显示相应的子面板。在可创建对象按钮的下方是"标准基本体"下拉列表框，单击其右侧的下拉箭头按钮，可从弹出的下拉列表中选择要创建的模型类别。

2．"修改"面板

"修改"面板用于在一个物体创建完成后对其进行修改。单击"修改"按钮，可打开"修改"面板。通过该面板，用户可以修改对象的参数、应用编辑修改器以及访问编辑修改器堆栈，还可以实现模型的各种变形效果，如拉伸、弯曲和扭转等。

3．"层级"面板

在"层级"面板可以访问调整对象间的层次链接的信息，通过将一个对象与另一个对象相链接，可以创建对象之间父子关系。应用到父对象的变换同时将传递给子对象，通过将多个对象同时链接到父对象和子对象，可以创建复杂的层次。

4．"运动"面板

"运动"面板提供用于调整选定对象运动的工具。例如，可以使用"运动"面板上的工具调整关键点时间及其缓入和缓出效果。此外，该面板还提供了轨迹视图的替代选项，用来指定动画控制器。

5．"显示"面板

"显示"面板用于设置显示和隐藏、冻结和解冻场景中的对象。还可以改变对象的显示特性，简化建模步骤。

6．"工具"面板

"工具"面板可以访问各种工具程序。3ds Max工具作为插件提供，一些也由第三方开发商提供，因此，3ds Max的设置可能包含在此处未加以说明的工具。

1.3　选择对象

1.3.1　区域选择

区域选择是指选择对象工具配合工具栏中的选择区域工具进行对象选择。

（1）使用"矩形选择区域"工具■在视口中拖动，然后释放鼠标。单击的第一个位置是矩形的一个角，释放鼠标的位置是相对的角。

（2）使用"圆形选择区域"工具■在视口中拖动，然后释放鼠标。首先单击的位置是圆形的圆心，释放鼠标的位置定义了圆的半径。

（3）使用"围栏选择区域"工具■拖动绘制多边形，创建多边形选择区域。

（4）使用"套索选择区域"工具■围绕应该选择的对象拖曳鼠标以绘制图形，然后释放鼠标。

（5）使用"绘制选择区域"工具■将鼠标拖至对象之上，然后释放鼠标。在进行拖放时，鼠标周围会出现一个以画刷大小为半径的圆圈。

1.3.2 使用"编辑菜单"选择

在菜单栏中单击"编辑"菜单，在弹出的下拉菜单中选择相应的命令就可以选择对象，如图1-17所示。

（1）全选：选择场景中的全部对象。

（2）全部不选：取消所有选择。

（3）反选：此命令可反选当前选择。

（4）选择类似对象：自动选择与当前选择类似对象的所有项。通常，这意味着这些对象必须位于同一层中，并且应用了相同的材质（或不应用材质）。

（5）选择实例：选择选定对象的所有实例。

（6）选择方式：从中定义以名称、层和颜色选择方式选择对象。

（7）选择区域：这里参考前面的区域选择的介绍。

1.3.3 选择过滤器

使用过滤器可以限制由选择工具选择的对象的特定类型和组合。例如，场景中创建的对象有几何体和摄像机，如果在"过滤器"下拉列表（图1-18）中选择"摄像机"，则使用选择工具时只能选择摄像机。如果在"过滤器"下拉列表中选择"几何体"，那么在场景中即使按Ctrl+A快捷键全选对象，也不会选择摄像机，如图1-19所示。

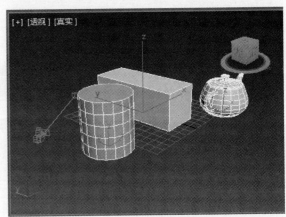

图1-17 "编辑"菜单 　　图1-18 "过滤器"下拉列表 　　图1-19 选择"过滤器"全选几何体

实例1.1　界面操作与视图控制

3ds Max的基本操作比较复杂，因为该软件是在一个三维空间中进行操作的，所以需要用户具有良好的空间想象能力，并且要熟练掌握一些基本操作技能，如界面操作、视图控制以及物体的选择等。现以一个现有的场景为例，详细讲述3ds Max 2015中文版的界面操作、视图控制、视图转换、物体选择、物体删除以及场景重设定等操作。

（1）在菜单栏中选择"文件"→"打开"命令，打开要演示的场景文件"亭子模型.max"，这是一个用几何物体搭建的小亭子场景。

（2）将光标放在前视图区域内，右击将其激活，激活的视图边框会显示为黄色。

（3）按T键，前视图便转换为顶视图，此时在视图区就出现了两个顶视图。

（4）按F键，顶视图便转换为前视图。

（5）激活透视图，在透视图左上角的透视图标识上右击，在弹出的快捷菜单中选择"线框"命令，如图1-20所示。此时透视图的显示方式便转换为线框方式，效果如图1-21所示，这种显示方式可以减少计算机系统运行的负担。

（6）利用相同的方法，选择"平滑＋高光"命令，将透视图恢复到实体显示方式。

（7）将光标放在视图分界线的"十"字交叉点上，如图1-22所示，按住鼠标左键向左上方拖

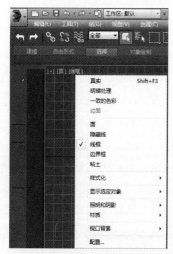

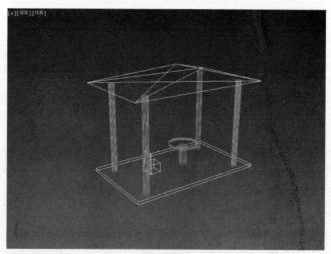

图1-20　选择"线框"选项　　　　　　　　　　　图1-21　透视图的线框显示方式

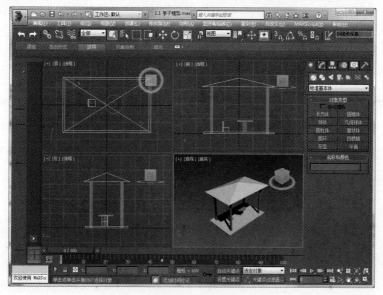

图1-22　将光标放在四视图的交叉点上

动视图分界线，此时右下角的透视图扩大了，而其他视图被缩小了，如图1-23所示。

（8）在视图分界线上右击，在弹出的快捷菜单中选择"重置布局"命令，恢复视图的均分状态，如图1-24所示。

（9）单击视图导航控制区中的"缩放"按钮，此时光标变为放大镜形态，如图1-25所示。在透视图中按住鼠标左键向下移动一段距离，此时透视图中的视景被推远了，如图1-26所示。完成视窗缩放操作后，右击可退出该功能。

（10）按Shift+Z快捷键，恢复当前视图的初始显示状态。

（11）在透视图中的桌面物体上单击将其选择，在线框视图中被选择物体呈白色线框方式显示，在实体显示方式下，选择的物体上会出现一个白色套框。

（12）在视图导航控制区中的"最大化显示"按钮上按住鼠标左键不放，在弹出的按钮组中单击"最大化显示选定对象"按钮，将圆桌以最大化方式显示，如图1-27所示。

（13）按Delete键，将其删除。

（14）激活前视图，单击主工具栏中的"交叉"按钮，使其变为"窗口"按钮形态，在前视图中按住鼠标左键进行拖曳，框选圆桌腿和凳子，如图1-28所示。

（15）按住Alt键，在前视图中单击圆桌腿，可以取消其选择状态。

（16）释放Alt键，在前视图中的任意空白处单击，取消所有物体的选择状态。

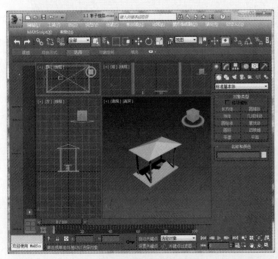

图1-23　重新划分视图区

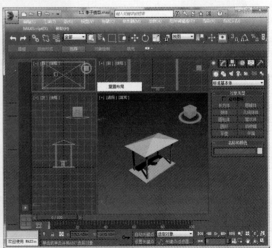

图1-24　"重置布局"命令的位置

图1-25　缩放光标形态

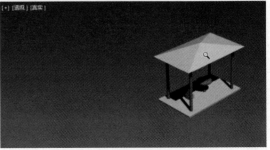

图1-26　改变视图中的近景远景效果

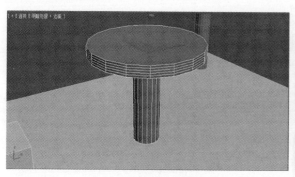

图1-27　最大化显示圆桌

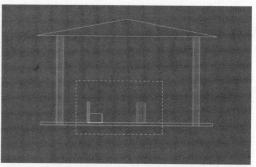

图1-28　框选物体

1.4　对象的变换

1.4.1　移动

对物体的移动在于对物体位置的选择，也就是移动的位置，移动物体时有三种移动轴可选，分别是 x 轴、y 轴和 z 轴。若想启用移动命令，有以下三种方法：一是单击工具栏中的"选择并移动"按钮；二是按 W 键；三是选择对象后右击，在弹出的快捷菜单中选择"移动"命令。

实例 1.2　移动对象

（1）沿轴向移动。

①在视图中创建一个圆柱体并选择圆柱体，如图 1-29 所示。

②单击"选择并移动"按钮，将鼠标指向 x 轴，当 x 轴变成黄色时就可以将圆柱体沿 x 轴移动了，如图 1-30 所示。

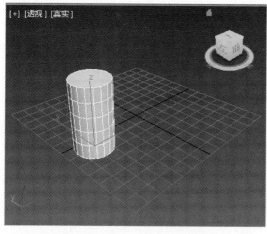

图1-29　创建一个圆柱体并选中

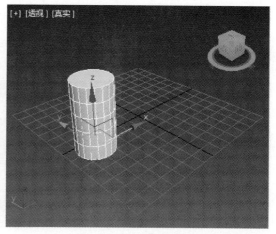

图1-30　沿x轴移动圆柱体

（2）沿平面移动。选择圆柱体，单击"选择并移动"按钮，将鼠标指向 xy 平面，当 xy 平面变成黄色时就可以将圆柱体沿 xy 平面移动，如图 1-31 所示。

（3）精确移动。选择"选择并移动"工具并右击，在弹出的"移动变换输入"对话框中设置 x 轴的参数，如图 1-32 所示。

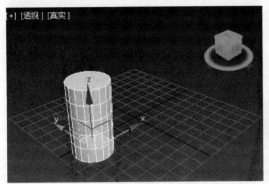

图1-31 沿 xy 平面移动圆柱体

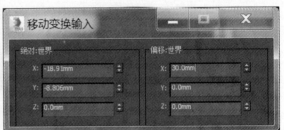

图1-32 "移动变换输入"对话框

1.4.2 旋转

对物体的旋转在于对旋转轴的选择，也就是说围绕哪条轴进行旋转，它也有精确旋转的功能。旋转物体时有三种旋转轴可选，分别是 x 轴、y 轴和 z 轴。若想启用旋转命令，可用以下三种方法：一是单击工具栏中的"选择并旋转"按钮；二是按 E 键；三是选择对象后右击，在弹出的快捷菜单中选择"旋转"命令。

实例 1.3 旋转对象

（1）在视图中创建一个圆锥体并选择圆锥体，如图 1-33 所示。

（2）单击"选择并旋转"按钮，将鼠标指向 y 轴，当 y 轴变成黄色时按住鼠标左键旋转，如图 1-34 所示。

（3）旋转完成效果如图 1-35 所示。

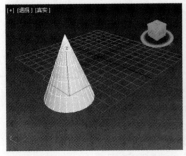

图1-33 创建一个圆锥体并选中

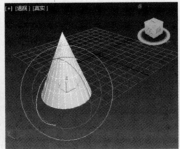

图1-34 沿 y 轴旋转圆锥体

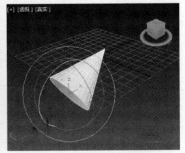

图1-35 沿 y 轴旋转圆锥体效果

1.4.3　缩放命令

若想启用缩放命令，可使用以下几种方法：一是单击工具栏中的"选择并均匀缩放"按钮；二是按R键；三是选择对象并右击，在弹出的快捷菜单中选择"缩放"命令。"缩放"有3种方式："选择并均匀缩放""选择并非均匀缩放"和"选择并挤压"，其中"选择并均匀缩放"是默认方式。

（1）选择并均匀缩放：只改变对象的体积，不改变形状，因此坐标轴方向对它不起作用。

（2）选择并非均匀缩放：使对象在指定的轴向上进行二维缩放且是不等比的，对象的体积和形状都发生变化。

（3）选择并挤压：在指定轴向上使对象发生缩放变形，对象体积保持不变，但形状发生改变。

需要注意的是，选择对象并非启用缩放工具，当光标移动到缩放轴上时，光标会变成△形状，此时按住鼠标左键不放并拖曳鼠标即可对对象进行缩放操作。缩放操作可同时在两个或三个轴上进行，方法和移动工具相似（图1-36至图1-38）。

图1-36　沿z轴缩放

图1-37　沿yz平面缩放

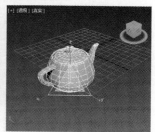
图1-38　三个轴向同时产生缩放

1.5　复制工具

在制作三维场景时，有时需要制作大量形态相同的物体，这时就可以通过复制功能来快速完成这项工作。在 3ds Max 中有克隆、镜像和阵列等多种常用物体复制命令，熟练掌握这些命令可以有效地提高建模效率。

1.5.1　克隆复制

复制是建模过程中常用的命令，可以通过选择菜单栏中的"编辑"→"克隆"命令，打开"克隆选项"对话框，也可以利用 Shift 键来快速完成这项工作，效果如图 1-39 所示。

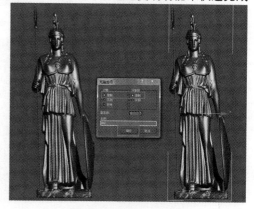
图1-39　"克隆"复制效果

1．常用参数解释

"克隆选项"对话框（图1-40）中各选项含义如下。

（1）副本数：设置要复制物体的个数。如设置值为3，即复制出3个物体，加上原物体，场景中共有4个物体。不同的副本数对应的克隆物体个数如图1-41所示。

（2）"对象"选项组：

①复制：将当前选择物体进行复制，两个物体之间无关联性。

②实例：以原物体为模板，产生一个相互关联的复制物体，改变其中一个物体参数的同时也会改变另一个物体的参数。图1-42所示为实例物体与原物体对照。

③参考：以原物体为模板，产生单向的关联复制物体，对原物体进行编辑修改时，复制对象会受同样的影响，但对复制对象进行编辑修改时不会影响原物体。复制物体在修改器堆栈中，关联分界线的位置如图1-43所示。

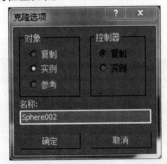

图1-40 "克隆选项"对话框

图1-41 不同副本数对应的克隆物体个数

（从左至右分别为"副本数"是1、2、3时的物体克隆个数）

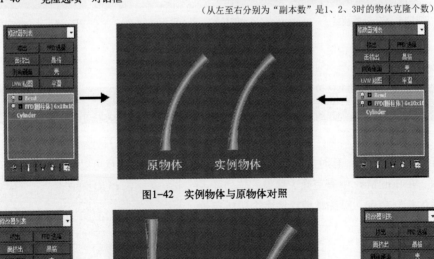

图1-42 实例物体与原物体对照

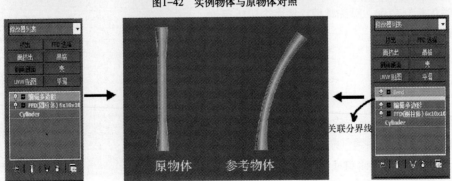

关联分界线

图1-43 实例物体与原物体对照

（3）"控制器"选项组："控制器"选项组中"复制""实例"的含义与"对象"选项组中的相同。

2. 与克隆复制有关的功能介绍

（1）取消关联关系的方法：单击修改器堆栈中的"使唯一"按钮，可解除两个物体的关联状态。需要注意的是，一旦解除了关联状态，就无法再恢复了。

（2）使用菜单栏中的"编辑"→"克隆"命令也可以实现克隆复制的功能，但复制出来的物体是重叠在一起的，需要使用移动工具将其分离才能看到复制效果。

实例 1.4 克隆

（1）重置场景，在"创建"面板中单击"几何体"按钮，设置几何体类型为"标准基本体"，单击"圆柱体"按钮，在透视图中创建一个半径为5、高为60的圆柱体。

（2）激活前视图，单击主工具栏中的"选择并移动"按钮，按住Shift键，将光标放在圆柱体的x轴上向右拖动一段距离，松开鼠标左键，在弹出的"克隆选项"对话框中选择"复制"单选按钮，单击"确定"按钮。

（3）单击"修改"按钮进入"修改"面板，将"半径"值改为10，复制后的圆柱体变粗了，而原圆柱体并没有发生变化。

（4）多次单击主工具栏中的"撤销"按钮或者按Ctrl+Z快捷键，取消上一步操作，直至恢复到复制前的状态。

（5）再次进行克隆复制操作，在弹出的"克隆选项"对话框中选择"实例"单选按钮，单击"确定"按钮。

（6）在"修改"面板中，将"半径"值改为10，此时可以发现两个圆柱体都变粗了，这就说明它们之间存在着关联关系。同样，修改另一个圆柱体的半径，两个圆柱体还是会同时发生变化。

1.5.2 镜像复制

使用"镜像"命令可产生一个或多个物体的镜像。镜像物体可以选择不同的克隆方式，同时还可以沿着指定的坐标轴进行偏移镜像，效果如图1-44所示。

"镜像：世界 坐标"对话框（图1-45）中部分选项含义如下。

（1）镜像轴：选择要镜像的轴向。不同轴向的镜像效果如图1-46所示。

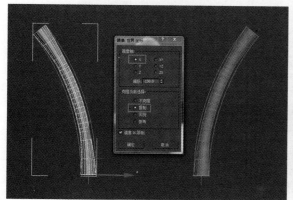

图1-44 镜像复制效果　　　　图1-45 "镜像：世界　　图1-46 不同轴向的镜像效果
　　　　　　　　　　　　　　坐标"对话框

（2）偏移：指定镜像物体与原物体之间的距离，距离值是通过两个物体的轴心点来计算的，不同偏移值的镜像效果如图1-47所示。

（3）克隆当前选择：选择克隆后的物体与原物体之间的关联关系。其中"不克隆"是指只镜像物体，不进行复制。

1.5.3 阵列复制

阵列是指有规律地复制一连串物体，常用于大量有序地复制物体，它有"移动""旋转"和"缩放"三种复制方法。这三种阵列效果如图1-48所示。

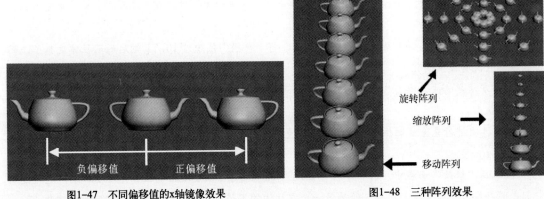

图1-47 不同偏移值的x轴镜像效果

图1-48 三种阵列效果

实例 1.5 阵列

（1）重置场景，在透视图中创建一个长、宽和高均为15的球体，在视图空白处右击取消创建状态。

（2）确认球体被选择，选择菜单栏中的"工具"→"阵列"命令，打开"阵列"对话框。

（3）在弹出的"阵列"对话框的"阵列维度"选项组中，将"1D"设置为8，如图1-49所示。

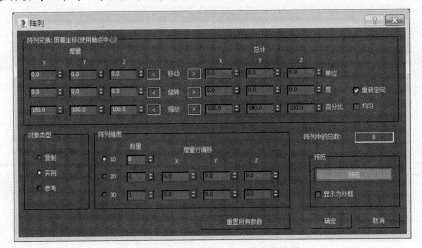

图1-49 "阵列"对话框中的参数设置

（4）激活"预览"按钮，可以在视图中同步看到阵列结果。可根据表1-2所提供的参数依次练习二维、三维阵列。如果要确认当前阵列结果，单击"确定"按钮即可。

表1-2　阵列维数列表

名称	参数	效果
一维阵列	● 1D [10] [30.0] X	
二维阵列	● 2D [10] [30.0] Y	
三维阵列	● 3D [10] [30.0] Z	

"阵列"对话框中各选项含义如下。

（1）增量：阵列中的相邻两个物体之间的距离。

（2）总计：阵列中第一个物体到最后一个物体之间的总距离值。每个物体间距＝总计÷数量，图1-50所示为增量与总计的关系。

（3）对象类型：选择阵列之后的所有物体之间的关联关系。

（4）阵列维度：设置阵列的维度，可选维度有以下3种。

1D（一维）：设置一维（线）阵列产生的物体总数，可以理解为行数。

2D（二维）：设置二维（面）阵列产生的物体总数，可以理解为列数，右侧的"X""Y""Z"用来设置新的偏移值。

3D（三维）：设置三维阵列产生的物体总数，可以理解为层数，右侧的"X""Y""Z"用于设置新的偏移值。

（5）重新定向：专为旋转阵列设置，勾选此复选框时，可以使旋转阵列物体除了沿指定轴心旋转外，还可以沿自身的轴旋转；不勾选此复选框时，物体会保持其原始方向，如图1-51所示。

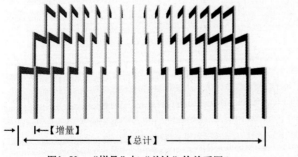

图1-50　"增量"与"总计"的关系图

(a)

(b)

图1-51　"重新定向"效果

（a）勾选"重新定向"复选框；（b）不勾选"重新定向"复选框

（6）均匀：专为缩放阵列设置，不勾选此复选框时，可以分别设置3个轴向上的缩放比例，可以进行非等比例缩放，勾选此复选框后，只允许进行等比例缩放。

（7）预览：激活"预览"按钮后，可以实时预览调节参数后的阵列效果。

（8）显示为外框：当阵列物体拥有过高的网格面数时，在预览过程中会降低系统的显示速度，勾选此复选框后，可以只简单地显示物体外框，从而提高预览的显示速度。效果如图1-52所示。

（9）重置所有参数：单击此按钮可将所有参数重置为默认设置。

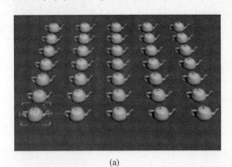 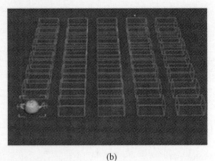

(a)　　　　　　　　　　　　　　　　　　(b)

图1-52　"显示为外框"效果
（a）不勾选"显示为外框"复选框；（b）勾选"显示为外框"复选框

1.5.4　间隔工具复制

"间隔工具"可将物体在一条曲线或空间的两点间进行批量复制，并且整齐均匀排列在路径上，效果如图1-53所示。

"间隔工具"对话框如图1-54所示，该对话框中选项含义如下。

（1）拾取路径：以一条样条曲线为路径，进行间隔复制，效果如图1-55所示。

图1-53　"间隔工具"复制效果

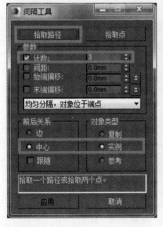 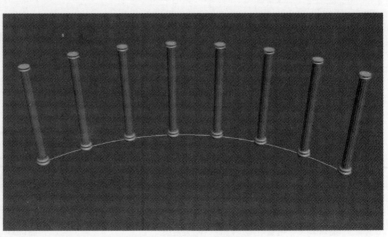

图1-54　"间隔工具"对话框　　　　　　图1-55　沿路径间隔复制效果

（2）拾取点：通过单击选择任意两点，在这两点之间的直线距离上进行间隔复制，效果如图1-56所示。

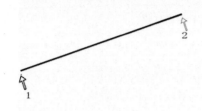
单击确认两个拾取点

在两点之间生成间隔复制物体

图1-56　通过拾取点复制物体

（3）计数：在路径上复制物体的总数。

（4）间距：设置相邻两个物体之间的距离，单独勾选此复选框时，系统会在总距离不变的情况下，自动调节物体的个数。如果同时勾选"计数"复选框，则无法在曲线路径上进行间隔复制，系统会自动转换为直线间隔复制，效果如图1-57所示。

实例 1.6　间隔复制

（1）打开场景文件"间隔路径.max"。

（2）选择场景中的圆柱体，选择菜单栏中的"工具"→"间隔工具"命令，打开"间隔工具"对话框。

（3）单击"间隔工具"对话框中的"拾取路径"按钮，在顶视图中拾取螺旋线图形，此时"拾取路径"按钮变成了"Helix01"按钮。

（4）将"计数"值改为20，沿着螺旋线路径就复制出了20个圆柱体，效果如图1-58所示。单击"应用"按钮，确定复制效果。

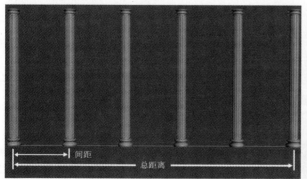
图1-57　"间距"与总距离之间的关系

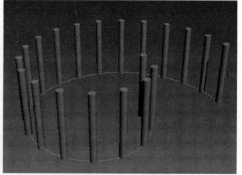
图1-58　"间隔工具"复制效果

1.6　对齐工具

在制作精度要求较高的三维场景时，经常会用到对齐工具，使用对齐工具可以精准地定位物体之间的关系，能有效避免手工操作的误差。对齐工具可以准确地将一个或多个物体对齐于另一物体的特定点，可以理解为快速移动，比手工移动要精准得多，是非常有用的定位工具，使用效果如图1-59所示。

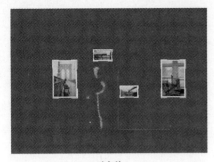

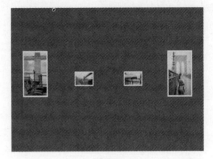

对齐前   对齐后

图1-59　对齐效果

"对齐当前选择"对话框如图1-60所示，其中各选项含义如下。

（1）对齐位置（世界）：主要用来设置位移对齐。其下有3个对齐轴选项，可以选择单向对齐，也可以选择多向对齐。需要注意的是，这里的轴是以当前所处的坐标系统为根据，所以在视图坐标系统中，在不同视图中进行相同的对齐操作时，所选的轴会有所不同。图1-61所示的对齐效果图例，都是在透视图中进行的。

（2）当前对象、目标对象：分别指定当前对象与目标对象的对齐位置。如果让A与B对齐，那么A为当前对象，B为目标对象。

（3）对齐方向（局部）：主要用来设置对齐方向，沿"X轴"对齐方向的效果如图1-62所示。

（4）匹配比例：主要用来设置缩放对齐。沿三个轴向匹配比例的效果如图1-63所示。

图1-60　"对齐当前选择"对话框

实例1.7　快速对齐

（1）重置场景，在透视图中不同的位置分别创建两个圆柱体，参数及效果如图1-64所示。

（2）激活前视图，选择小圆柱体，在主工具栏中的"对齐"按钮上按住鼠标左键片刻，在弹出的隐藏按钮中，拖曳鼠标到"快速对齐"按钮上后释放鼠标，该按钮自动变为激活状态。使用对齐工具之前被选中的物体是当前对象，该物体将在对齐操作中产生位移，激活按钮后再选择的物体为

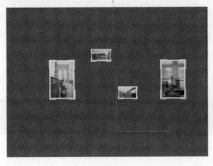
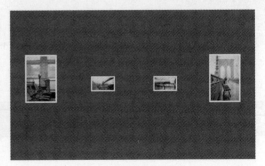

对齐前   对齐后

图1-61　沿"Z位置"对齐位置

对齐前　　　　　　　　　　　　　　　对齐后

图1-62　沿"X轴"对齐方向

对齐前　　　　　　　　　　　　　　　对齐后

图1-63　沿"X轴""Y轴""Z轴"匹配比例效果

小圆柱体　　　　　　　　　　　　　　　　　　　　　　大圆柱
半径：15　　　　　　　　　　　　　　　　　　　　　　半径：50
高度：50　　　　　　　　　　　　　　　　　　　　　　高度：8

图1-64　两个圆柱体的参数

目标对象，该物体只起到提供基准点的作用，不会产生位移，若没有物体被选择，则无法激活此按钮。

（3）将光标放在大圆柱体上，此时光标变为"添加目标对象"形态。单击，小圆柱体自动对齐到大圆柱体的中心，效果如图1-65所示。

实例1.8　对齐

（1）继续实例1.7的场景，确认透视图为当前激活视图。单击主工具栏中的"撤销"按钮，恢复到未对齐时的状态。

（2）确认小圆柱体为被选择状态，用实例1.7中介绍的方法激活"快速对齐"按钮，单击大圆柱体。

图1-65　快速对齐效果

（3）在弹出的"对齐当前选择"对话框中，勾选"X位置"和"Y位置"复选框。此时的对齐效果与快速对齐相同。

（4）单击"应用"按钮，确定对齐效果。此时"对齐当前选择"对话框并不关闭，只是各轴选项均恢复为默认状态。

（5）在"对齐当前选择"对话框中只勾选"Z位置"复选框，在"当前对象"选项组中选择"最大"单选按钮并在"目标对象"选项组中选择"最小"单选按钮，各选项对应的物体的位置如图1-66所示。

（6）单击"确定"按钮，此时"对齐当前选择"对话框自动关闭，小圆柱体的顶部对齐大圆柱体的底部，如图1-67所示。

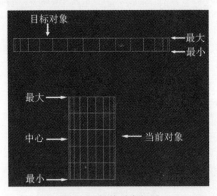

图1-66　物体对齐位置

图1-67　物体对齐结果

1.7　捕捉工具

3ds Max 2015的捕捉工具极大地提高了建模的精度，尤其在一些要求精准建模的工作中。通过捕捉对象的特定部位，可以准确定位即将创建对象的位置，效果如图1-68所示。

1.7.1　捕捉设置选项

"栅格和捕捉设置"对话框提供了所有可用的捕捉选项（图1-69）。在

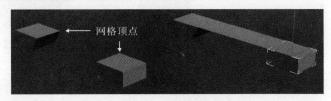

图1-68　捕捉效果

主工具栏的空白处右击，在弹出的快捷菜单中选择"捕捉"命令，会弹出浮动的"捕捉"工具栏，如图1-70所示。这个工具栏提供了一些最常用的捕捉选项。

图1-69　"栅格和捕捉设置"对话框

图1-70　"捕捉"工具栏

（1）"栅格点" 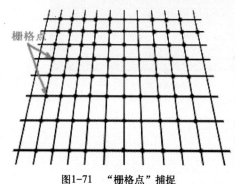：捕捉到栅格交点（这是默认选项）。效果如图1-71所示。

（2）"轴心" ：捕捉到对象的轴心点。效果如图1-72所示。

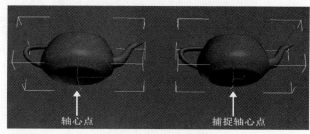

图1-71　"栅格点"捕捉　　　　　　　　图1-72　"轴心"捕捉

（3）"顶点" ：捕捉到网格对象的顶点或可以转换为可编辑网格对象的顶点。效果如图1-73所示。

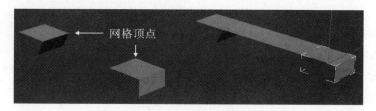

图1-73　"顶点"捕捉

（4）"端点" ：捕捉到网格边的端点或样条线的顶点，特别适用于二维曲线画线时的捕捉。效果如图1-74所示。

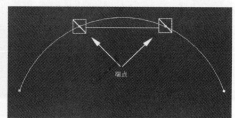

二维曲线的顶点物体　　　　　　　　用端点捕捉可轻易捕到

图1-74　"端点"捕捉

（5）"中点" ：捕捉到网格边的中点和样条线分段中点。效果如图1-75所示。

（6）"边／线段" ：捕捉网格对象的边或样条线分段的任何位置。尤其是在"墙"物体上创建"门""窗"物体时，这种捕捉非常有用。效果如图1-76所示。

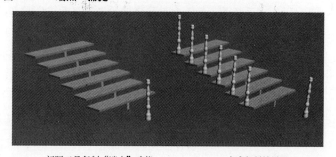

间隔工具复制"端点"功能　　　　　完成复制效果图

图1-75　"中点"捕捉

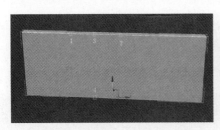

在"墙"物体上创建"门"的捕捉过程　　　　　　　　　　　　　　　完成效果

图1-76　　"边/线段"捕捉

1.7.2　捕捉的空间位置

在 3ds Max 中，根据捕捉的空间位置不同，捕捉可分为二维捕捉、2.5 维捕捉和三维捕捉，这些按钮都是重叠在一起的，各自的含义如下。

（1）"二维捕捉"：只捕捉当前视图中栅格平面上的曲线和无厚度的表面造型，对三维空间中的其他点则无效，通常用于平面图形的捕捉。效果如图 1-77 所示。

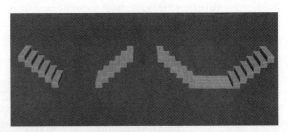

图1-77　二维捕捉只能捕捉到栅格平面上的点

（2）"2.5 维捕捉"：这是一个介于二维与三维空间的捕捉设置，可以捕捉到三维空间中的任意点，但所绘制的图形都只能是栅格平面上的投影图。效果如图 1-78 所示。

（3）"三维捕捉"：直接在三维空间中捕捉所有类型的物体。效果如图 1-79 所示。

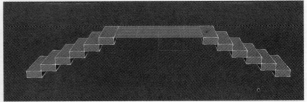

图1-78　2.5维捕捉只能在栅格上创建物体　　　　　　图1-79　三维捕捉效果

实例 1.9　捕捉

（1）重置场景。激活主工具栏中的"捕捉开关"按钮，然后在该按钮上右击，打开"栅格和捕捉设置"对话框，只勾选"栅格点"复选框，然后关闭对话框。

（2）在"创建"面板中单击"几何体"按钮，设置几何体类型为"标准基本体"，单击"平面"按钮，激活顶视图，此时光标上会有一个蓝色的捕捉标记，该标记会自动附着在最靠近光标的栅格点上。

（3）捕捉一个栅格点后按住鼠标左键拖动，然后捕捉另一个栅格点，创建一个长为 400、宽为300 的平面物体，在创建过程中注意观察右侧参数面板中的长、宽参数变化。

（4）按 G 键，隐藏顶视图中的栅格，打开"栅格和捕捉设置"对话框，勾选"顶点"复选框。

（5）适当调整顶视图，设置几何体类型为"扩展基本体"，单击 C-Ext 按钮，在顶视图中分别捕捉平面物体上的左上角点和右下角点创建一个"C"形墙，高度与宽度可以在创建好之后再调节，效果及参数如图 1-80 所示。

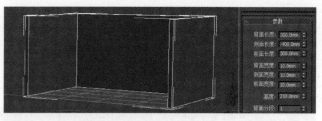

图1-80　"C"形墙的效果及其参数

（6）选择平面物体，激活透视图，利用"镜像"功能将其沿 Z 轴向上复制，偏移值为 270。

（7）按 Ctrl+A 快捷键选择场景中的所有物体，激活主工具栏中的"旋转"按钮，然后单击屏幕下方的"绝对模式变换输入"按钮，使其变为"偏移模式变换输入"按钮。

（8）在"Z："文本框内输入"90"，使物体沿 Z 轴旋转 90°。

（9）利用视图控制区中的"环绕"按钮、"视图移动"按钮和"视图缩放"按钮调节透视图，观察最终的物体形态。

1.8 坐标轴心

在 3ds Max 中，对象产生的各种编辑操作的结果都是以轴心作为坐标中心来操作的，轴心是指对象编辑时中心定位的位置，用户可以设定不同的轴心来控制对象的操作。

3ds Max 在工具栏上提供了如图 1-81 所示的三种坐标轴心设置方案，用户可以选择其中的任意一种来改变默认的公共轴心设置。

（1）"使用轴点中心" ▣：当选择多个物体时，每个物体以自身的位置为轴心点。图 1-82 所示为用"使用轴点中心"旋转所有模型的结果。

（2）"使用选择中心" ▣：当选择多个物体时，所选物体会采用一个公共位置为轴心点。如图 1-83 所示为用"使用选择中心"旋转所有模型的结果。

图1-81　三种坐标中心

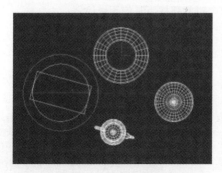

图1-82　沿物体轴点中心旋转

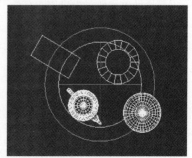

图1-83　沿选择中心旋转

（3）"使用变换坐标中心" ：使用变换坐标中心是指使用当前坐标系的中心点，当前坐标系有多种选择，并且随使用视图的不同而不同。

1.9 对象的成组

在 3ds Max 2015 中，用户可以把两个或两个以上的零散对象组合为一个组对象并为其命名，然后可以像处理一个对象一样处理它。成组功能完成的并不是物体的合并操作，而是将零部件捆绑在一起形成一个整体。所有零部件都保留其独立的原始参数，在需要的时候可以解开成组分别进行修改。

首先在场景中选择要成组的对象，在菜单栏中选择"组"→"组"命令，如图 1-84 所示，在弹出的"组"对话框中进行命名，如图 1-85 所示。将模型成组后可以对组进行编辑，如果想单独地调整组中的一个模型，在菜单栏中选择"组"→"打开"命令，单独地设置一个模型的参数，调整模型参数后选择"组"→"关闭"命令。

"组"菜单的命令有以下几种。

（1）组：可将对象或组的选择集组成一个组。

（2）解组：可将当前组分离为其组件对象或组。

（3）打开：使用该命令可以暂时对组进行解组，并访问组内的对象。可以在组内独立于组的剩余部分变换和修改对象，然后使用"关闭"命令还原原始组。

（4）附加：可使选定对象成为现有组的一部分。

（5）分离："分离"（或在场景资源管理器中，排除于组之外）命令可从对象的组中分离选定对象。

（6）炸开：可以解组组中的所有对象，而无论嵌套组的数量如何。与"解组"不同的是，"解组"只能解开一个层级。同"解组"命令一样的是，所有炸开的实体都保留在当前选择集中。

（7）集合：将对象选择集、集合或组合并至单个集合，并将光源辅助对象添加为头对象。集合对象后，可以将其视为场景中的单个对象。可以单击组中任一对象来选择整个集合。可将集合作为单个对象进行变换，也可如同对待单个对象那样为其应用修改器。

图1-84 "组"菜单

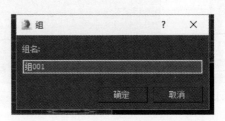

图1-85 对组命名

🔍 练习题

1. 利用本章所学知识，制作图 1-86 所示挂钟场景。
2. 利用本章所学知识，制作图 1-87 所示楼梯场景。
3. 利用本章所学知识，制作图 1-88 所示走廊场景。

图1-86　挂钟场景　　　　图1-87　楼梯场景　　　　图1-88　走廊场景

第2章　利用三维对象创建模型

本章讲解 3ds Max 2015 直接创建三维对象的工具，如标准基本体、扩展基本体，并且通过具体实例剖析各造型工具的应用技巧。通过本章的学习，掌握 3ds Max 2015 直接创建三维对象的工具，从而设计制作出专业级的三维模型。

2.1　标准基本体

我们知道，在数学中，点、线、面构成几何图形，众多几何图形相互连接构成三维模型。在 3ds Max 2015 中，通过命令面板下的创建工具就可以快捷地制作出漂亮的基本三维模型。在 3ds Max 2015 中，可以利用简单三维模型工具、复合三维模型工具及三维物体的布尔运算来制作造型复杂的三维物体。

在"创建"面板中单击"几何体"按钮，显示有关几何体的命令按钮，即可看到标准基本体工具，如图 2-1 所示。

各标准基本体工具的作用如下：

（1）长方体：用于创建长方体或立方体造型。

（2）球体：用于创建球体、半球体造型。

（3）圆柱体：用于创建圆柱体造型。

（4）圆环：用于创建圆环造型。

（5）茶壶：用于创建茶壶造型。

（6）圆锥体：用于创建圆锥体造型。

图2-1　标准基本体工具

（7）几何球体：用于创建简单的几何球体造型。

（8）管状体：用于创建管状体造型。

（9）四棱锥：用于创建金字塔造型。

（10）平面：用于创建无厚度的平面造型。

2.1.1　长方体

"长方体"用于创建长方体或正方体。在菜单栏中选择"创建"→"标准基本体"→"长方体"命令或单击命令面板中的"长方体"按钮后，在任一视图中拖动，即可产生长方体的一个面，然后再拖动即可产生长方体的厚度，长方体参数面板及效果如图2-2所示。

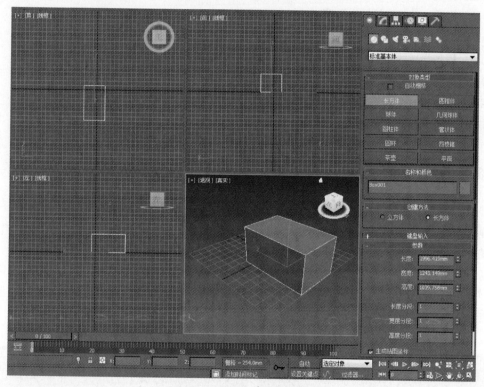

图2-2　长方体参数面板及效果

常用参数解释如下：

（1）名称和颜色：在文本框中可以输入模型的名称，按Enter键确定即可。单击文本框右边的颜色块，打开"颜色"对话框，通过选择不同的颜色可以改变模型颜色。

（2）创建方法：选择创建模型的类型，立方体或长方体。

（3）键盘输入：通过键盘输入的方式来确定模型的尺寸。

（4）参数："长度""宽度""高度"用来确定长方体的长、宽、高；"长度分段""宽度分段"和"高度分段"用来设置长方体长、宽和高的平滑度，数值越大物体表面越光滑，但是占用的内存也越大。

2.1.2　创建球体

"球体"用于创建一个表面由许多四边形面组成的基本球体，球体参数面板及效果如图2-3所示。

常用参数解释如下：

（1）边：从球体的侧边拖曳出球体的直径。

（2）中心：从球体的中心拖曳出球体的半径。

（3）参数：

半径：控制球体的大小。

分段／平滑：控制球体的光滑度。

半球：0.5为半球，越接近1半球越小，越接近0半球越大。

切除：随着半球的减小，半球上的线段也切除，半球光滑度不变。

挤压：随着半球的减小，半球光滑度逐渐增加。

启用切片：控制造型的完整性。

轴心在底部：用来调节轴心点的位置。

2.1.3　创建几何球体

"几何球体"用于创建以三角形面拼接而成的球体或半球体，在默认情况下外观效果与"球体"无区别，当取消勾选"平滑"复选框后，可以直接观察到它们之间的差别。几何球体参数面板及效果如图2-4所示。

常用参数解释如下：

"基点面类型"选项组：用于控制几何球体的面数。当"分段"值为1时选择"四面体""八面体""二十面体"，可以使球体呈现不同的面数。

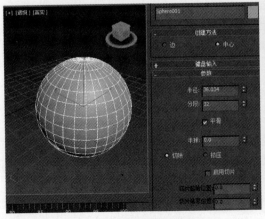

图2-3　球体参数面板及效果

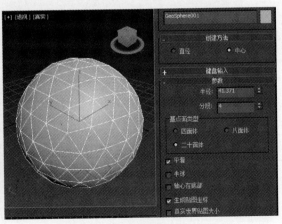

图2-4　几何球体参数面板及效果

2.1.4 创建圆柱体

"圆柱体"用于创建圆柱体、棱柱体和局部圆柱体。圆柱体参数面板及效果如图2-5所示。常用参数解释如下：

（1）半径：用于设置圆柱体的半径。

（2）高度：用于设置沿着中心轴的维度。

（3）边数：用于设置圆柱体周围的边数。

（4）高度分段：用于设置圆柱体主轴的分段数量。

（5）端面分段：用于设置围绕圆柱体顶部和底部的中心的同心分段数量。

（6）平滑：将圆柱体的各个面混合在一起，从而在渲染视图中创建平滑的外观。

2.1.5 创建管状体

"管状体"用于创建圆管状物体，通过参数调节可以生成任意多边形的管状物体。管状体参数面板及效果如图2-6所示。

常用参数解释如下：

（1）半径1、半径2：数值大的为外圆半径，数值小的为内圆半径。

（2）高度分段：确定管状体高度方向上的段数。

（3）端面分段：确定管状体上下底面的段数。

（4）边数：设置管状体侧边数的多少，数值越大，管状体越光滑。对棱管来说，边数值决定其属于几棱管。

2.1.6 创建圆环

"圆环"用于创建圆环状物体，通过参数调节可以使其表面产生扭曲、旋转等效果。圆环参数

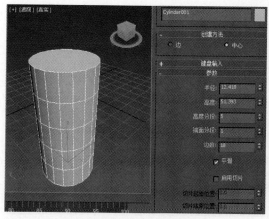

图2-5 圆柱体参数面板及效果

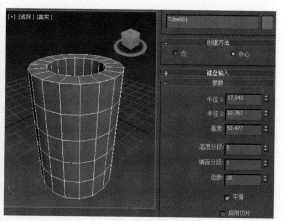

图2-6 管状体参数面板及效果

面板及效果如图 2-7 所示。

常用参数解释如下：

（1）半径 1：圆环的外轮廓圆半径。

（2）半径 2：圆环的内轮廓圆半径，且圆环内剖面圆的直径是圆环的高度。

（3）旋转：内剖面进行旋转。

（4）扭曲：内剖面之间的角度变化。

（5）分段：控制圆环的剖面总数量。

（6）边数：控制圆环的内部剖面边数。

（7）平滑：4 种效果显示。

2.1.7　创建圆锥体

"圆锥体"用于创建标准圆锥体、锥形平台、棱锥体和局部锥体。圆锥体参数面板及效果如图 2-8 所示。

常用参数解释如下：

（1）半径 1、半径 2：用于控制圆锥体的顶、底半径。

（2）高度：设置圆锥体的高度。

（3）高度分段：设置圆锥体在高度上的分段。

（4）端面分段：设置圆锥体在两端平面上沿半径方向上的分段。

（5）边数：设置圆锥体端面圆周上的片段划分数。数值越高，圆锥体越光滑。

（6）平滑：表示是否进行表面光滑处理。勾选该复选框时，产生圆锥、圆台，取消勾选该复选框时，产生棱锥、棱台。

（7）启用切片：表示是否进行局部切片处理。

（8）切片起始位置：确定切除部分的起始幅度。

（9）切片结束位置：确定切除部分的结束幅度。

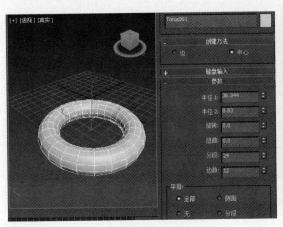

图2-7　圆环参数面板及效果

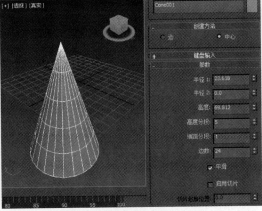

图2-8　圆锥体参数面板及效果

2.1.8　创建四棱锥

"四棱锥"用于创建一个基本的四棱锥体，形状类似金字塔。四棱锥参数面板及效果如图2-9所示。

2.1.9　创建茶壶

"茶壶"用于创建一只标准的茶壶造型，或者是它的一部分。茶壶复杂弯曲的表面特别适合材质的测试及渲染效果的评价。茶壶参数面板及效果如图2-10所示。

图2-9　四棱锥参数面板及效果

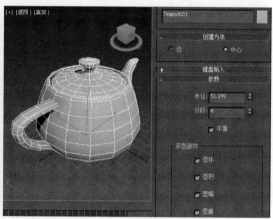

图2-10　茶壶参数面板及效果

2.1.10　创建平面

"平面"用于创建一个面片状物体，高度为0，通过参数控制可以改变渲染比例和密度，使其在渲染时发生形体变化，而不影响场景显示。平面参数面板及效果如图2-11所示。

实例 2.1　灯笼的制作

（1）重置场景，在"创建"面板中单击"几何体"按钮，设置几何体类型为"标准基本体"，单击"长方体"按钮，在前视图中创建一个长方体，并将其命名为"灯笼"，在"参数"卷展栏中将"长度""宽度""高度"分别设置为150、

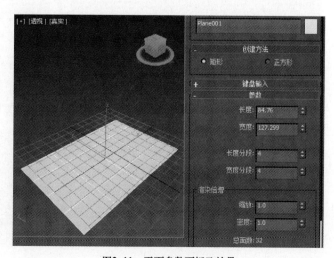

图2-11　平面参数面板及效果

500、1，将"长度分段""宽度分段"和"高度分段"分别设置为18、36、1，如图2-12所示。

（2）单击"修改"按钮，切换到"修改"面板。在"修改器列表"中选择"UVW贴图"修改器，在"参数"卷展栏中将"贴图"定义为"平面"，其余参数使用默认值，如图2-13所示。

（3）在"修改器列表"中选择"弯曲"修改器，在"参数"卷展栏中将"弯曲"选项组中的"角度"和"方向"分别设置为180、90，在"弯曲轴"选项组中选择"Z"单选按钮，如图2-14所示。

（4）在"修改器列表"中选择"弯曲"修改器，在"参数"卷展栏中将"弯曲"选项组中的"角度"和"方向"分别设置为-360、0，在"弯曲轴"选项组中选择"X"单选按钮，如图2-15所示。

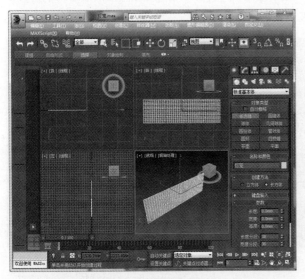

图2-12　长方体参数设置

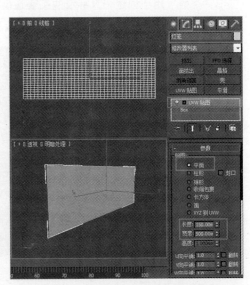

图2-13　添加"UVW贴图"修改器

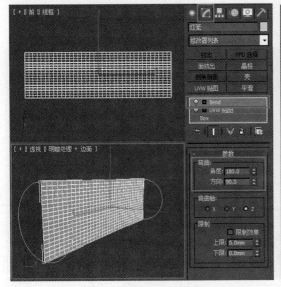

图2-14　添加"弯曲"修改器

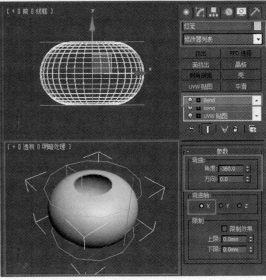

图2-15　再次添加"弯曲"修改器

（5）完成创建后，调整透视图的角度，并参照后面的材质章节为该模型进行设置，然后单击"应用程序"按钮，在弹出的下拉菜单中选择"导入"→"合并"命令，在弹出的"合并文件"对话框中选择本书配套资源中的文件，如图2-16所示。

（6）单击"打开"按钮，在打开的对话框中单击"全部"按钮，单击"确定"按钮，再在场景中调整模型的位置，然后按M键或单击"材质编辑器"按钮，在打开的"材质编辑器"对话框中将"灯笼"材质指定给场景中的灯笼对象，如图2-17所示。

（7）按Ctrl+S快捷键，将模型命名为"灯笼"，并对其进行保存。

实例 2.2　小闹钟的制作

（1）启动3ds Max，在"创建"面板中单击"图形"按钮，设置图形类型为"样条线"，单击"圆环"按钮，在前视图中创建一个圆环，然后在"修改"面板中设置圆环的参数，"半径1"设置为80，"半径2"设置为60，命名为"闹钟外壳"，如图2-18所示。

（2）在"修改器列表"中选择"挤出"修改器，在"参数"卷展栏中将"数量"设置为60，如图2-19所示。

图2-16　"合并文件"对话框

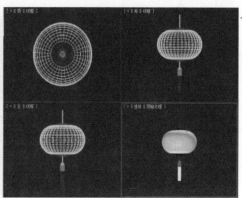

图2-17　赋予灯笼材质

图2-18　圆环参数设置

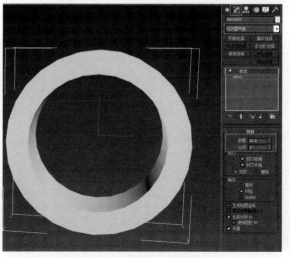

图2-19　对圆环使用挤出修改器

（3）在"创建"面板中单击"图形"按钮，设置图形类型为"样条线"，单击"圆"按钮，在前视图中创建一个圆，并在"参数"卷展栏中将"半径"设置为60，如图2-20所示。

（4）选择"修改器列表"中的"挤出"修改器，在"修改"面板中设置其挤出的"数量"值为50，并命名为"闹钟刻度背景"，然后选中刻度背景在主工具栏中单击"对齐"按钮，将光标移至目标对象，待光标发生变化后单击，在弹出的"对齐当前选择"对话框中取消勾选"对齐位置"选项组中的"Y位置"复选框，且"当前对象"选为"中心"、"目标对象"选为"中心"，如图2-21所示。

（5）在"创建"面板中单击"几何体"按钮，设置几何体类型为"标准基本体"，单击"长方体"按钮，在顶视图中创建一个长方体，将其命名为"闹钟底座"，并修改"参数"卷展栏中的参数，分别将"长度""宽度""高度"设置为120、120、15，如图2-22所示。

（6）使用主工具栏中的"对齐"工具将闹钟底座与外壳对齐，如图2-23所示。

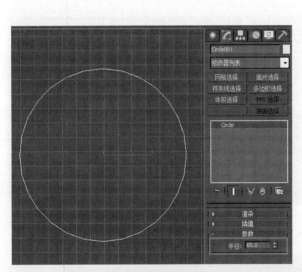

图2-20　圆参数设置

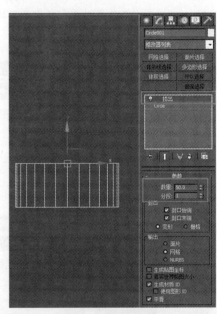

图2-21　对圆进行挤出

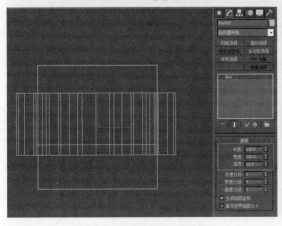

图2-22　创建长方体作为底座

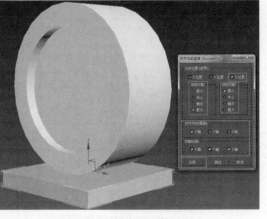

图2-23　闹钟底座与外壳对齐

（7）在"创建"面板中单击"几何体"按钮，设置几何体类型为"标准基本体"，单击"四棱锥"按钮，在前视图中创建四棱锥，在"修改"面板的"参数"卷展栏中将其"宽度""深度""高度"分别设置为5、10、4，创建12点位置的刻度几何体，如图2-24所示。

（8）使用主工具栏中的"对齐"工具对齐12点刻度几何体，如图2-25所示。

（9）在"层次"面板中单击"轴"按钮，在"调整轴"卷展栏中单击"仅影响对象"按钮，在前视图中移动刻度几何体至闹钟顶端，如图2-26所示。

（10）单击"角度捕捉"按钮，然后在该按钮上右击，在弹出的"栅格和捕捉设置"对话框中设置"角度"为90，如图2-27所示。

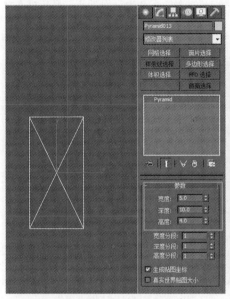

图2-24　创建四棱锥作为刻度图形

图2-25　对齐四棱锥与闹钟外壳

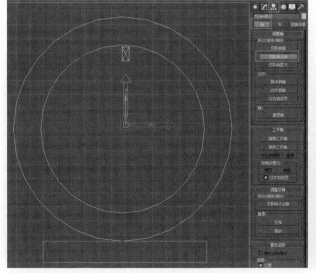

图2-26　移动四棱锥

图2-27　"栅格和捕捉设置"对话框

（11）选择"旋转"命令，按住 Shift 键旋转克隆刻度几何体，克隆出需要的 3 点、6 点、9 点刻度几何体，如图 2-28 所示。

（12）选中 12 点刻度几何体，利用 Ctrl+C 快捷键、Ctrl+V 快捷键复制出一个刻度几何体，并在"参数"卷展栏中将"宽度""深度""高度"分别设置为 3、7、3，旋转 30°得到 1 点刻度几何体，如图 2-29 所示。

（13）按住 Shift 键旋转克隆刻度几何体，克隆出需要的其他点的刻度几何体。在"创建"面板中单击"几何体"按钮，设置几何体类型为"标准基本体"，单击"圆柱体"按钮，在前视图中绘制一个圆柱体；在"修改"面板"参数"卷展栏中将"半径""高度"分别设置为 1.5、2，如图 2-30 所示。

（14）调整小圆柱体的位置，并利用"对齐""调整轴""旋转""克隆"的方法，同样设置好小圆刻度的位置，如图 2-31 所示。

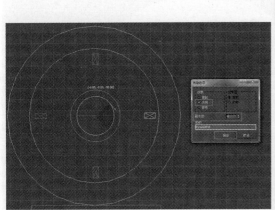

图2-28　克隆出3点、6点、9点刻度几何体

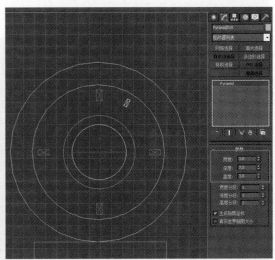

图2-29　克隆复制出1点刻度几何体

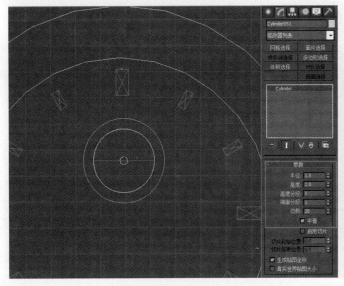

图2-30　克隆复制出其他点刻度并创建小圆柱体

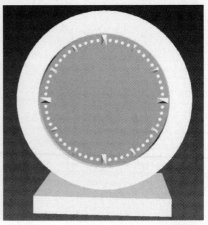

图2-31　克隆复制出其他小圆刻度

（15）在"创建"面板中单击"几何体"按钮，在前视图中创建时针、分针、秒针及固针圆心几何体，在"修改"面板的"参数"卷展栏中设置时针"长度"为4、"宽度"为45；分针"长度"为3.5、"宽度"为50；秒针"长度"为3、"宽度"为55；固针圆心"半径"为5、"高度"为3，并调整好其位置。渲染效果如图2-32所示。

实例 2.3 沙发的制作

（1）在"创建"面板中单击"几何体"按钮，设置几何体类型为"扩展基本体"，单击"切角长方体"按钮，在顶视图中创建切角长方体作为沙发坐垫模型，参数设置："长度"为50、"宽度"为80、"高度"为12、"圆角"为3、"圆角分段"为3，如图2-33所示。

（2）在场景中选择模型，按住 Shift 键，使用"选择并移动"工具沿 x 轴移动并复制该模型作为沙发另一侧坐垫模型，在弹出的"克隆选项"对话框中选择"实例"单选按钮，如图2-34所示，单击"确定"按钮。

（3）按 Ctrl+V 快捷键，在弹出的"克隆选项"对话框中选择"复制"单选按钮，如图2-35所示，单击"确定"按钮。

图2-32 完成的小闹钟

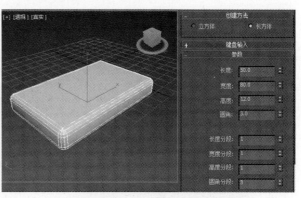

图2-33 创建切角长方体作为沙发坐垫模型

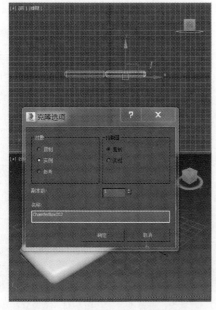

图2-34 实例复制沙发另一侧坐垫模型

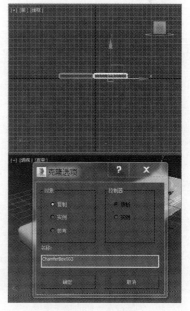

图2-35 克隆复制

（4）切换到"修改"命令面板，在"参数"卷展栏中设置参数，"长度"为60、"宽度"为12、"高度"为50、"圆角"为3、"圆角分段"为3，并在场景中调整模型的位置，将其作为沙发一侧的扶手模型，如图2-36所示。

（5）选择沙发扶手模型，在主工具栏中单击"镜像"按钮，在弹出的"镜像：屏幕坐标"对话框（图2-37）中将"镜像轴"设置为"X"，将"克隆当前选择"设置为"实例"，设置合适的偏移值，沿x轴镜像复制出沙发另一侧的扶手模型，如图2-38所示。

（6）选择沙发扶手模型，按Ctrl+V快捷键，在弹出的"克隆选项"对话框中选择"复制"单选按钮，如图2-39所示，单击"确定"按钮。

（7）在"参数"卷展栏中设置参数，"长度"为12、"宽度"为180、"高度"为50、"圆角"为3、"圆角分段"为3，并在场景中调整模型的位置，将其作为沙发靠背模型，如图2-40所示。

（8）使用同样的方法，按Ctrl+V快捷键，在弹出的"克隆选项"对话框中选择"复制"单选按钮，在"参数"卷展栏中设置参数，"长度"为56、"宽度"为180、"高度"为2、"圆角"为0.2、"圆角分段"为1，并在场景中调整模型的位置，将其作为沙发坐垫下的支架模型，如图2-41所示。

（9）在"创建"面板中单击"几何体"按钮，设置几何体类型为"标准基本体"，单击"圆柱体"按钮，在顶视图中创建切角圆柱体作为沙发腿模型，设置参数，"半径"为5、"高度"为-10，如图2-42所示。

（10）选择沙发腿模型，按住Shift键，使用"选择并移动"工具沿x轴移动并复制模型，在弹出的"克隆选项"对话框中选择"实例"单选按钮，单击"确定"按钮，如图2-43所示。

（11）选择两个沙发腿模型，按住Shift键，使用"选择并移动"工具沿y轴移动并复制模型，在弹出的"克隆选项"对话框中选择"实例"单选按钮，单击"确定"按钮，如图2-44所示。

（12）最终完成的沙发模型如图2-45所示。

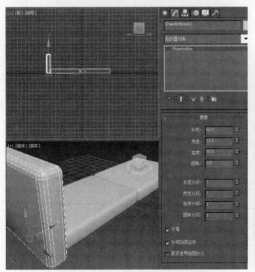

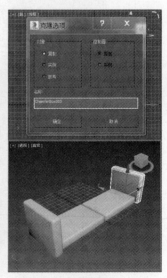

图2-36　调整沙发一侧的扶手模型　　　　图2-37　"镜像：屏幕坐标"对话框　　图2-38　镜像复制沙发另一侧的扶手模型

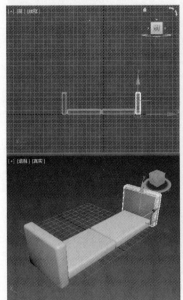

图2-39 克隆复制扶手模型

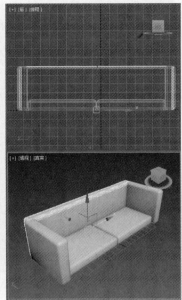

图2-40 制作完成沙发靠背模型

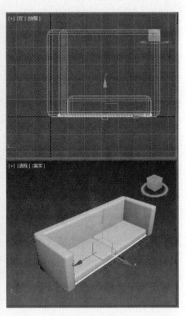

图2-41 制作完成沙发坐垫下的支架模型

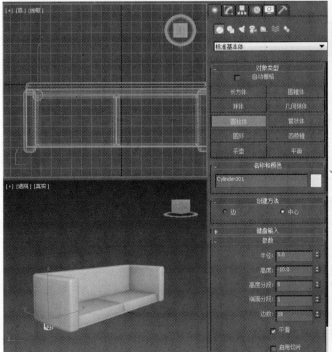

图2-42 创建沙发腿模型

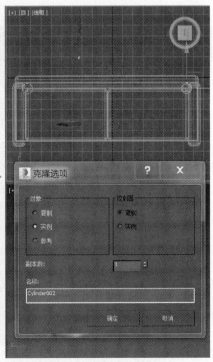

图2-43 实例复制沙发腿模型

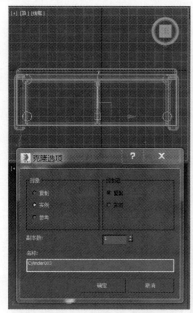

图2-44 完成沙发腿模型

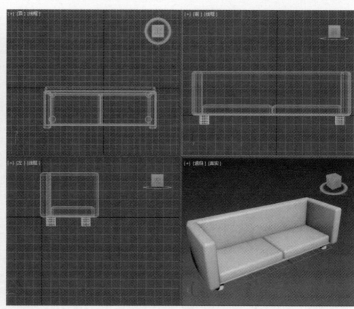

图2-45 完成的沙发模型

2.2 扩展基本体

在 3ds Max 中扩展基本体是复杂基本体的集合,可以看作是"标准基本体"的补充。在制作模型的过程中,需要创建一些特殊形状的物体,就可以通过"扩展基本体"来完成。扩展基本体是由标准基本体发展而来的,相对标准基本体更复杂一些,但造型要比标准基本体柔和、美观。"扩展基本体"的"对象类型"卷展栏中共有 13 种扩展基本体供用户选择,如图 2-46 所示。

图2-46 扩展基本体工具

各扩展基本体工具的作用如下:

(1)异面体:用于创建多面体造型,如四面体、八面体、二十面体、星形体等。

(2)切角长方体:用于创建带有切角的长方体造型。

(3)油罐:用于创建类似油箱的造型。

(4)纺锤:用于创建纺锤体造型。

(5)球棱柱:用于创建平滑柱状体造型。

(6)环形波:用于创建环形波状对象。

（7）软管：用于创建软管状对象。

（8）环形结：用于创建复杂的交错打结的环形。

（9）切角圆柱体：用于创建带有切角的圆柱体造型。

（10）胶囊：用于创建胶囊状造型。

（11）L-Ext（"L"形板）：用于创建"L"形板造型。

（12）C-Ext（"C"形板）：用于创建"C"形板造型。

（13）棱柱：用于创建棱柱造型。

2.2.1　创建切角长方体

切角长方体可以看作对长方体的棱进行圆角处理获得的三维对象，其创建思路也是如此，具体操作方法：在前视图中单击并拖动鼠标，然后释放鼠标，确定切角长方体的长度和宽度，再向上移动鼠标并单击，确定切角长方体的高度，继续移动鼠标并单击，确定切角长方体的圆角大小，如图2-47所示。

创建完切角长方体后，调整"修改"面板"参数"卷展栏中的参数可以改变切角长方体的效果。其中，"圆角"文本框用于设置切角长方体各棱圆角的大小；"圆角分段"文本框用于设置切角长方体圆角面的分段数，其数值越大，圆角面越光滑。

2.2.2　创建"L"形体和"C"形体

使用"扩展基本体"分类中的"L-Ext"和"C-Ext"按钮，可以分别创建"L"形体和"C"形体，图2-48所示为"L"形体，图2-49所示为"C"形体，它们常作为建筑模型中的"L"形墙壁和"C"形墙壁。

2.2.3　切角圆柱体

切角圆柱体可以看作对圆柱体的棱进行圆角处理获得的三维对象，其创建思路也是如此，切角圆柱体及其参数如图2-50所示。

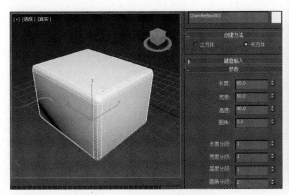

图2-47　切角长方体及其参数

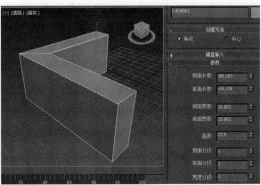

图2-48　"L"形体及其参数

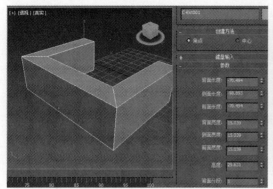

图2-49 "C"形体及其参数

图2-50 切角圆柱体及其参数

2.2.4 创建异面体

"异面体"按钮用于创建一些造型奇特的多面体,系统默认参数下创建的异面体如图2-51至图2-55所示。

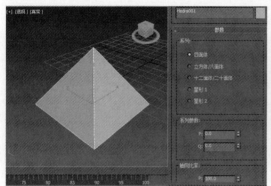

图2-51 异面体之"四面体"

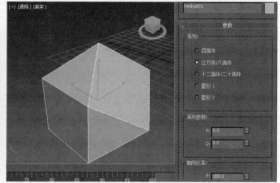

图2-52 异面体之"立方体/八面体"

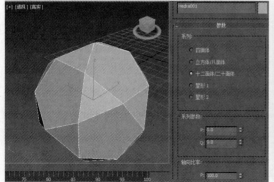

图2-53 异面体之"十二面体/二十面体"

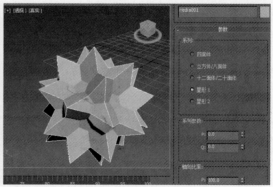

图2-54 异面体之"星形1"

2.2.5 创建环形结

"环形结"按钮用来创建一些缠绕状、管状、带囊肿类的物体。系统默认参数下创建的环形结效果如图 2-56 所示。

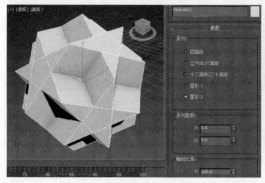

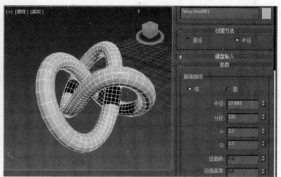

图2-55 异面体之"星形2"　　　　　　　图2-56 环形结及其参数

2.2.6 创建油罐

"油罐"按钮用来创建带有弧形顶面的柱体。图 2-57 是拖动鼠标生成的油罐体造型。

2.2.7 创建环形波

"环形波"按钮用来创建环形波，所创建的环形波本身就具有动画效果。图 2-58 是环形波的静态效果。

2.2.8 创建软管

"软管"按钮用来创建一种带有螺纹的柔性管状物体，它可以结合在两个物体之间，并且跟随这

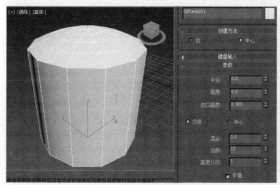

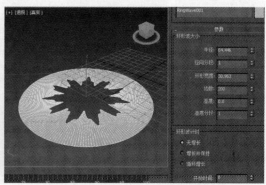

图2-57 油罐及其参数　　　　　　　图2-58 环形波的静态效果及其参数

两个物体的变动产生扭曲，一般用来制作水管的连接处以及导线与插头的接缝处。其外观如图2-59所示。

实例2.4 软管动画制作

（1）在"创建"面板中单击"几何体"按钮，设置几何体类型为"标准基本体"，单击"圆柱体"按钮，在左视图中创建一个圆柱体。在"修改"面板中设置圆柱体的参数，"半径"为10，"高度"为30，如图2-60所示。单击"选择并移动"按钮，选择圆柱体，按住Shift键沿x轴拖动圆柱

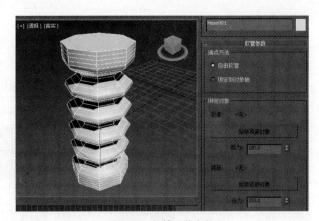

图2-59 软管及其参数

体以"实例"方式复制出一个圆柱体，如图2-61所示。

（2）在"创建"面板中单击"几何体"按钮，设置几何体类型为"扩展基本体"，在"对象类型"卷展栏中单击"软管"按钮，在左视图中绘制软管，并将"直径"设置为18，在"修改"面板的"软管参数"卷展栏的"端点方法"选项组中，选择"绑定到对象轴"单选按钮，如图2-62所示。

（3）单击软管模型，在"软管参数"卷展栏中单击"拾取顶部对象"按钮并单击一个圆柱体；单击"拾取底部对象"按钮并单击另一个圆柱体。将两个"张力"都设置为0，如图2-63所示。

（4）在视图下方的时间轴第0帧处单击"自动关键点"按钮，移动左侧圆柱体压缩软管，如图2-64所示。在第100帧处移动右侧圆柱体拉伸软管，如图2-65所示。再单击"自动关键点"按钮，完成动画制作，单击"播放"按钮即可播放动画。

图2-60 创建圆柱体

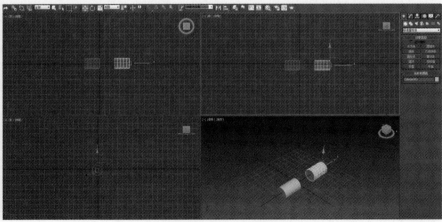

图2-61 复制一个圆柱体

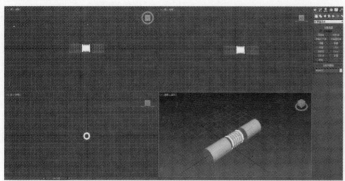

图2-62 创建软管

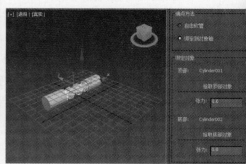

图2-63 软管与两圆柱体绑定

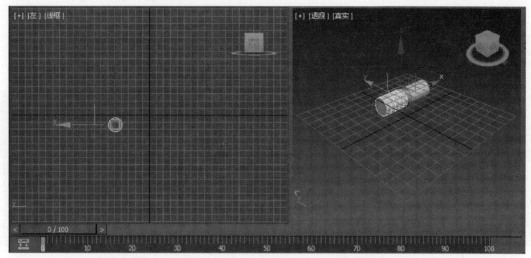

图2-64 在第0帧处移动左侧圆柱体压缩软管

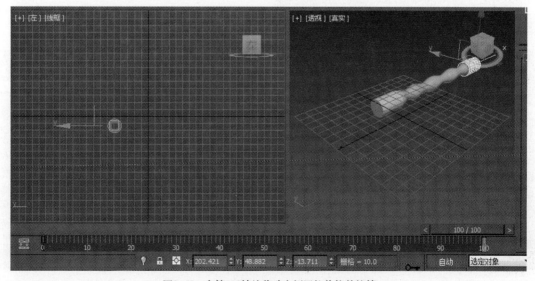

图2-65 在第100帧处移动右侧圆柱体拉伸软管

实例 2.5　玻璃茶几制作

（1）在"创建"面板中单击"几何体"按钮，设置几何体类型为"标准基本体"，单击"长方体"按钮，在顶视图中创建一个长方体，在"修改"面板的"参数"卷展栏中分别将"长度""宽度""高度"设置为4710、6180、2800，如图2-66所示。

（2）在长方体上右击，在弹出的快捷菜单中选择"转换为"→"转换为可编辑多边形"命令，将长方体转化为可编辑多边形。在"修改"面板的"可编辑多边形"修改器中选择"元素"层级，按Ctrl+A快捷键全选对象的元素并勾选"忽略背面"复选框，在"编辑元素"卷展栏中单击"翻转"按钮，如图2-67所示。在视图中右击，在弹出的快捷菜单中选择"对象属性"命令，在弹出的"对象属性"对话框中的"显示属性"选项组中勾选"背面消隐"复选框，如图2-68所示。

（3）选中房子，在"修改"面板的"可编辑多边形"修改器中选择"多边形"层级，在透视图中选中地面，并在"修改"面板的"编辑几何体"卷展栏中单击"分离"按钮分离出地面，如图2-69

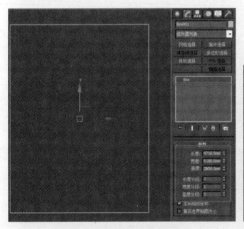

图2-66　创建长方体作为房子

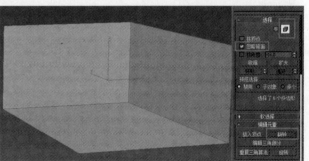

图2-67　"元素"层级

图2-68　"对象属性"对话框

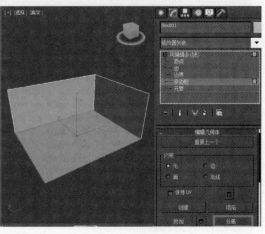

图2-69　分离出地面

所示；用同样的方法分离出窗户所在的墙面。将两者分别命名为"地面"和"窗户墙"。选择刚刚分离出的窗户墙，按 Alt+Q 快捷键孤立显示，如图 2-70 所示。

（4）选中窗户墙，在"修改"面板的"可编辑多边形"修改器中选择"边"层级，选择上下两条边，在"编辑边"卷展栏中单击"连接"按钮（图 2-71）连接两条竖边。选中两条刚创建的竖向的边，连接两条横向的边，如图 2-72 所示。

（5）调整已连接的四条边的位置，如图 2-73 所示，选择四条边围成的多边形并将其删除制作出窗洞。在视图中右击，在弹出的快捷菜单中选择"结束隔离"命令，退出孤立显示。

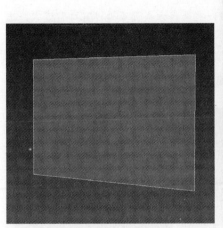

图2-70　孤立显示窗户墙

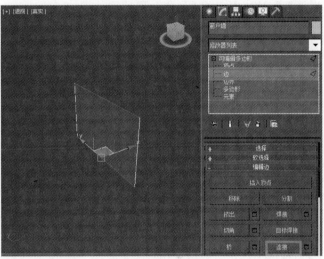

图2-71　连接两条竖边

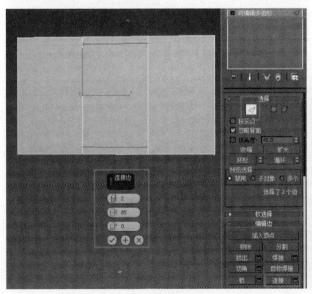

图2-72　连接两条横边

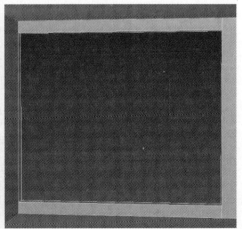

图2-73　制作出窗洞

（6）按S键激活"2.5维捕捉"命令，在"创建"面板中单击"图形"按钮，设置图形类型为"样条线"，在"对象类型"卷展栏中单击"矩形"按钮，在顶视图中创建一个与地面一样大小的二维矩形，然后在视图中空白处右击，在弹出的快捷菜单中选择"转换为"→"转换为可编辑样条线"命令，在"修改"命令面板中选择"编辑样条线"修改器下的"样条线"，且在"几何体"卷展栏下"轮廓"按钮后的文本框中输入10，如图2-74所示。再在"修改"面板"修改器列表"中选择"挤出"修改器，在"参数"卷展栏中设置"数量"为100，挤出踢脚线，如图2-75所示。

（7）利用"样条线"绘制出窗子的轮廓，然后利用"挤出"命令制作出窗子模型，如图2-76所示。

（8）在"创建"面板中单击"几何体"按钮，设置几何体类型为"标准基本体"，单击"圆柱体"按钮，在顶视图中创建圆柱体，在"修改"面板下"参数"卷展栏中将"半径""高度""边数"分别设置为240、10、40，如图2-77所示。

（9）选中圆柱体并在圆柱体上右击，在弹出的快捷菜单中选择"转换为"→"转换为可编辑多边形"命令，在"可编辑多边形"修改器中选择"边"层级，将选择方式设置为"窗口"模式，选择最上面和最下面的边，单击"编辑边"卷展栏中的"切角"按钮，将切角边量设置为2，如图2-78所示。

（10）利用步骤（8）、（9）的方法绘制出玻璃茶几的底座，如图2-79所示。

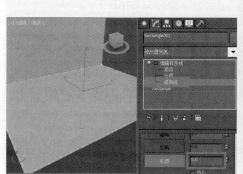

图2-74　设置"轮廓"文本框数值为10　　　　图2-75　"挤出"数量为100制作完成的踢脚线

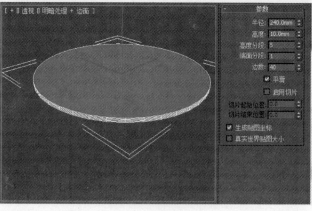

图2-76　使用样条线挤出窗子　　　　　　　图2-77　创建圆柱体

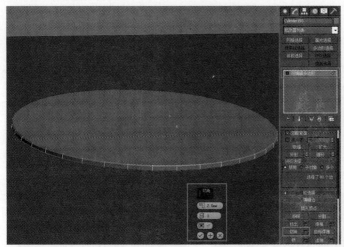

图2-78　"切角"命令圆化茶几面　　　　　　　　　　图2-79　茶几底座

　　（11）在"创建"面板中单击"几何体"按钮，设置几何体类型为"标准基本体"，单击"长方体"按钮，在顶视图中创建长方体，在"修改"面板的"参数"卷展栏中将"长度""宽度""高度"分别设置为800、800、10，如图2-80所示。

　　（12）选中长方体并右击，在弹出的快捷菜单中选择"转换为"→"转换为可编辑多边形"命令，在"可编辑多边形"修改器中选择"边"层级，将选择方式设置为"窗口"模式，选择最上面和最下面的边，单击"编辑边"卷展栏中的"切角"按钮，将切角边量设置为2，如图2-81所示。

　　（13）选中茶几玻璃面，按住Shift键移动玻璃面克隆出茶几另一个玻璃面，用同样的方法克隆出两侧的玻璃面，并调整大小，如图2-82所示。

　　（14）将事先准备好的咖啡杯子与地毯模型导入场景中，如图2-83所示。

　　（15）在"创建"面板中单击"摄像机"按钮，单击"目标"按钮，在顶视图中创建摄像机，在"修改"面板中的"参数"卷展栏中将"镜头"设置为50.8，并在前视图中调整摄像机的高度，如图2-84所示。

　　（16）在"创建"面板中单击"灯光"按钮，设置灯光类型为"VRay"，单击"VR-太阳"按钮，并在"参数"卷展栏中设置适合场景亮度的参数，如图2-85所示。

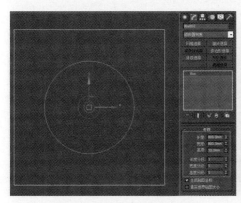

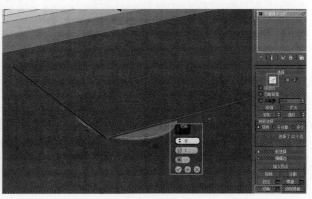

图2-80　创建长方体作为茶几面　　　　　　　　　　图2-81　对长方体茶几面进行切角

图2-82 制作完成的茶几模型

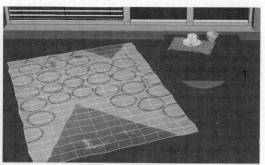

图2-83 导入咖啡杯子与地毯模型

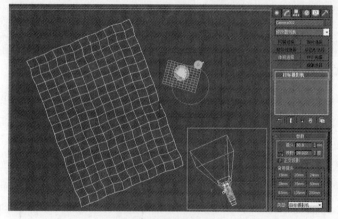

图2-84 创建目标摄像机

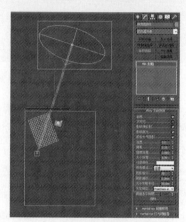

图2-85 创建"VR-太阳"光

（17）在"创建"面板中单击"灯光"按钮，设置灯光类型为"VRay"，单击"VR-灯光"按钮，并在"参数"卷展栏中设置适合场景亮度的参数，如图2-86所示。

（18）在"创建"面板中单击"灯光"按钮，设置灯光类型为"VRay"，单击"VRayIES"按钮，并在"参数"卷展栏中设置适合场景亮度的参数，如图2-87所示。

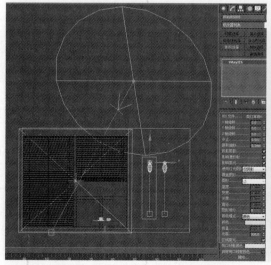

图2-86 创建"VR-灯光"并设置参数

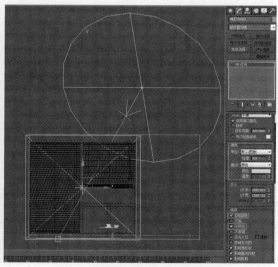

图2-87 创建"VRayIES"并设置参数

（19）单击"材质编辑器"按钮，打开"材质编辑器"对话框，选择一个新的材质球，指定为 VRayMtl 材质，"漫反射"的 RGB 值分别为 128、187、188；"反射"的 RGB 值分别为 20、20、20，"高光光泽度"为 0.9，"反射光泽度"为 0.95，"细分"为 10；"折射"的 RGB 值分别为 240、240、240，"细分"为 20，"烟雾颜色"RGB 值分别为 242、255、253，"烟雾倍增"为 0.2，勾选"影响阴影"复选框。将调制好的材质球指定给茶几玻璃，如图 2-88 所示。

（20）在"材质编辑器"对话框中选择一个新的材质球，指定为 VRayMtl 材质，"漫反射"的 RGB 值分别为 96、96、96；"反射"的 RGB 值分别为 210、210、210，"高光光泽度"为 1，"反射光泽度"为 0.85，"细分"为 8。将调制好的材质球指定给茶几底座，如图 2-89 所示。

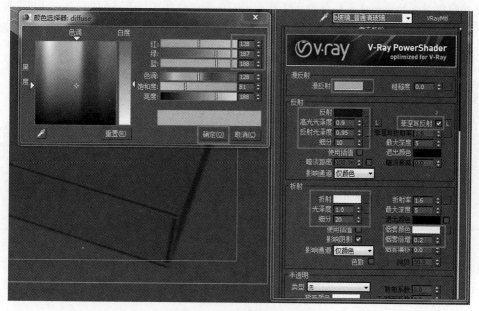

图2-88 为茶几玻璃赋予材质

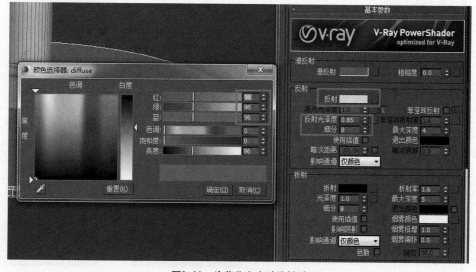

图2-89 为茶几底座赋予材质

（21）在"材质编辑器"对话框中选择一个新的材质球，指定为VRayMtl材质，"漫反射"赋予一张地砖位图；"反射"赋予衰减材质，RGB值分别为0、0、0和255、255、255，"高光光泽度"为0.9，"反射光泽度"为0.88，"细分"为20。并为地面材质添加UVW贴图，并在"修改"面板"参数"卷展栏中勾选长方体，设置其"长度""宽度""高度"分别为800、800、1，将调制好的材质球指定给茶几地面，如图2-90所示。

（22）在"材质编辑器"对话框中选择一个新的材质球，指定为VRayMtl材质，"漫反射"的RGB值分别为255、255、255，将调制好的材质球赋予墙面。在"材质编辑器"对话框中选择一个新的材质球，指定为VRayMtl材质，"漫反射"赋予一张木纹贴图图片；"反射"赋予一张同木纹贴图图片纹理一致的很白的纹理图片，RGB值分别为36、36、36，"反射光泽度"为0.95，勾选"菲涅耳反射"复选框，"细分"为15，并将设置好的材质赋予踢脚线，其最终的效果如图2-91所示。

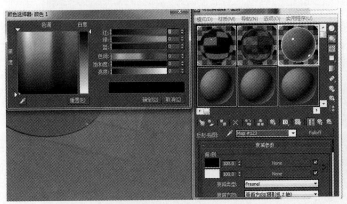

图2-90　为茶几底面赋予材质

图2-91　完成的茶几效果图

实例2.6　制作酒杯

（1）在"创建"面板中单击"几何体"按钮，设置几何体类型为"标准基本体"。

（2）单击"圆柱体"按钮，在顶视图中创建一个圆柱体。在"参数"卷展栏中将"半径"设置为15，"高度"设置为60，"高度分段"设置为10，"端面分段"设置为20，"边数"设置为18，勾选"平滑"复选框，如图2-92所示。

（3）在"修改器列表"中选择"FFD圆柱体"并将其应用于当前选中的圆柱体。在修改器堆栈中，展开"FFD（圆柱体）4×6×4"选项组，选择"控制点"层级，进入FFD圆柱体的点子对象级，如图2-93所示。

图2-92　创建圆柱体　　图2-93　FFD修改器控制点级别

（4）单击前视图将其激活，用鼠标框选圆柱体的第3行控制点，单击主工具栏的"选择并均匀缩放"按钮，此时前视图中出现一个黄色的压缩面。将鼠标光标移向该面，当光标形状改变时，单击并向左下角拖动，尽量使该行控制点压缩成一个点，如图2-94所示。

（5）单击顶视图将其激活，用鼠标框选上部最里面5圈的控制点，将鼠标光标移向压缩平面，当光标形状改变时，单击并向左下角拖动，如图2-95所示。同时观察透视图，当酒杯内表面基本呈现时释放。最后，再次单击主工具栏中的"选择并均匀缩放"按钮将其释放。

（6）此时的酒杯模型表面比较粗糙，如图2-96所示，这主要是因为它是由圆柱体修改而来的，圆柱体分段数虽然设置较高，但是仍不能保证修改后酒杯模型表面完全光滑。打开"修改器列表"，选择"平滑"修改器，将其应用于刚修改后的酒杯模型，在"参数"卷展栏中勾选"自动平滑"复选框即可，如图2-97所示。

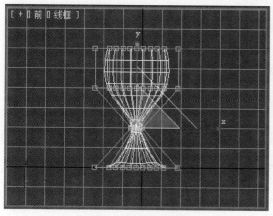

图2-94 压缩第3行控制点

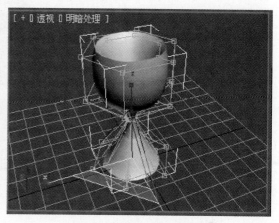

图2-95 压缩最里面5圈控制点

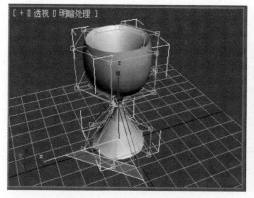

图2-96 初步完成的酒杯模型

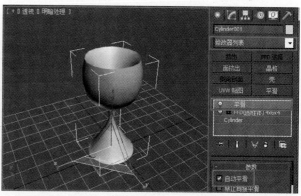

图2-97 使用"平滑"修改器对酒杯进行平滑处理

练习题

利用本章所学知识，制作如图2-98所示的座椅模型。

图2-98　座椅模型

第3章 曲线与建模

　　"创建"命令面板下的"图形"子面板，可用于创建各种曲线。3ds Max 2015 将曲线分为样条线、NURBS 曲线和扩展样条线三类。NURBS 是英文 non-uniform rational b-splines（非均匀有理B样条）的缩写。

　　曲线在建模和创作动画中都非常有用。曲线本身就可以直接用来建模，通过放样等复合操作和NURBS 工具箱可以创建出更复杂的模型。在动画、复制、路径变形器中，曲线可当作路径使用。在墙、栏杆等的创建中也会用到曲线。

3.1　创建样条线

　　在"创建"命令面板中单击"图形"按钮即可切换至"图形"子面板，设置图形类型为"样条线"，单击"对象类型"卷展栏中的一个对象按钮，就可创建对应的样条线。样条线同样可以使用手工拖动和键盘输入两种方法来创建。

3.1.1　"对象类型"卷展栏

　　（1）自动栅格：选择一种对象类型后，"自动栅格"复选框就会被激活（图3-1）。若勾选"自动栅格"复选框，这时指针中就会包含一个指示坐标。不论在哪个正交视图中创建曲线，在透视图中都可以看到一个活动网格，指针中指示坐标的 xy 平面为网格平面。

图3-1　"对象类型"卷展栏

（2）开始新图形：若勾选（默认）该复选框，则连续创建的所有样条线，不论它们是否有交点，彼此都是独立的。若未勾选该复选框，则连续创建的所有样条线，不论它们是否有交点，都属于一个图形对象。

实例 3.1　开始新图形

比较勾选和不勾选"开始新图形"复选框对创建对象的影响。

（1）勾选"开始新图形"复选框创建一个圆和一个"帅"字，如图 3-2（a）所示。从图中可以看出圆和"帅"字是两个独立的图形，它们各有各的边界盒。选定圆和"帅"字，选择"挤出"修改器，挤出后的效果如图 3-2（b）所示。从图中可以看出两个图形是分别挤出的。

（2）不勾选"开始新图形"复选框，同样创建一个圆和一个"帅"字，如图 3-3（a）所示。从图中可以看出圆和"帅"字属于同一个图形，它们只有一个共同的边界盒。选择"挤出"修改器挤出，就得到一个镂空的"帅"字，如图 3-3（b）所示。

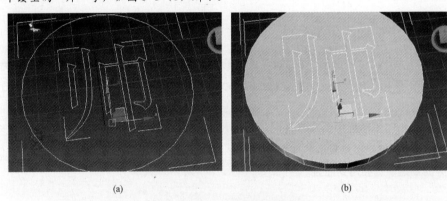

(a)　　　　　　　　　　　　　(b)

图3-2　勾选"开始新图形"复选框

（a）圆和"帅"字各自有一个边框；（b）圆和"帅"字分别挤出

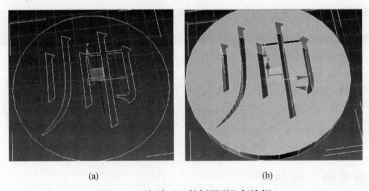

(a)　　　　　　　　　　　　　(b)

图3-3　不勾选"开始新图形"复选框

（a）圆和"帅"字有同一个边框；（b）圆和"帅"字同时挤出

3.1.2　"渲染"卷展栏

"渲染"卷展栏如图 3-4 所示。使用该卷展栏，在视图中显示或渲染输出时，可以设置样条线横截面的大小和形状。

（1）在渲染中启用：只有勾选了该复选框，在渲染中输出样条线时"渲染"卷展栏中的设置才有效。

（2）在视口中启用：只有勾选了该复选框，在视口中显示样条线时"渲染"卷展栏中的设置才有效。

（3）使用视口设置：只有勾选了该复选框，才会激活视口选项。

（4）生成贴图坐标：若勾选该复选框，则为样条线指定默认贴图坐标。

（5）视口：只有选择了该单选按钮，在"渲染"卷展栏中的设置才能应用到视口显示中。

（6）渲染：只有选择了该单选按钮，在"渲染"卷展栏中的设置才能应用到渲染输出中。

（7）径向：若选择该单选按钮，则可以设置圆形横截面径向的厚度、边和角度。

①厚度：设置样条线横截面的直径。

②边：设定样条线横截面的边。

③角度：设定样条线横截面绕路径轴向旋转的角度。

（8）矩形：若选择该单选按钮，则可以设置矩形横截面的长度、宽度和角度。

图3-4 "渲染"卷展栏

实例 3.2 选择不同的渲染参数创建圆

（1）在"创建"面板中单击"图形"按钮，设置图形类型为"样条线"，在"对象类型"卷展栏中单击"圆"按钮，在视图中拖动光标，创建一个圆。

（2）在"修改"面板展开"渲染"卷展栏。

①在"渲染"卷展栏中选择"视口"单选按钮，然后选择"径向"单选按钮，设置"厚度"为1。勾选"在视口中启用"和"在渲染中启用"复选框，所得效果如图3-5（a）所示。

②选择"径向"单选按钮，设置"厚度"为10，"边"为20，所得效果如图3-5（b）所示。

③选择"径向"单选按钮，设置"厚度"为10，"边"为3，"角度"为-30，所得效果如图3-6所示。

④选择"矩形"单选按钮，设置"长度"为6，"宽度"为4，"角度"为30，所得效果如图3-7所示。

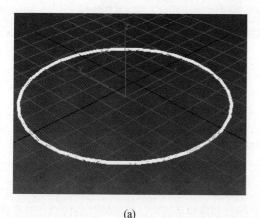

(a)

(b)

图3-5 勾选"在视口中启用"和"在渲染中启用"复选框

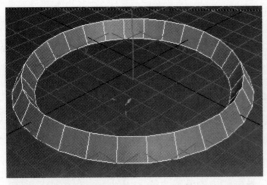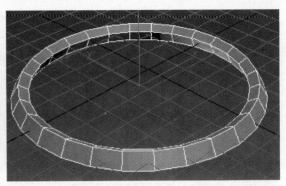

图3-6 "厚度"为10、"边"为3、"角度"为-30的效果　　图3-7 "长度"为6、"宽度"为4、"角度"为30的效果

3.1.3 "插值"卷展栏

"插值"卷展栏如图3-8所示。其中各参数的含义如下。

（1）步数：指定样条线上两个角点之间短直线的数量，取值范围为0~100。

（2）优化：若勾选该复选框，则程序会自动检查并减去多余的步数，以减小样条线的复杂程度。

图3-8 "插值"卷展栏

（3）自适应：若勾选该复选框，则程序会根据曲线的复杂程度自动设置步数。

实例3.3 插值步数对曲线的影响

（1）创建两个圆，左边圆的插值步数为3，右边圆的插值步数为50。在"渲染"卷展栏中，将两个圆的厚度均设置为10。

（2）线框显示效果如图3-9所示，渲染效果如图3-10所示。

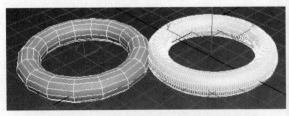

图3-9 线框显示效果　　　　　　　　图3-10 渲染效果

3.1.4 "创建方法"卷展栏

"创建方法"卷展栏在创建不同的图形时有不同选项，如图3-11所示，"边"和"中心"是创建"矩形""圆""椭圆"等图形时的创建方法，"角点""平滑"和"贝塞尔"是创建"线"的创建方法。

（1）边：若选择该单选按钮，在视图中用拖动指针创建样条线时，拖动指针的起始点对齐样条线的一条边。

（2）中心：若选择该单选按钮，在视图中用拖动指针创建样条线时，拖动指针的起始点对齐样条线的中心。

（3）角点：角点是指折线的始点、终点和拐角点。若选择这种方式创建样条线，则角点两侧的斜率发生突变，如图 3-12 所示。

（4）平滑：若选择这种方式，则角点两侧的斜率不发生突变，如图 3-13 所示。

（5）贝塞尔：若选择这种方式，当创建曲线时，会给角点加上两个控制手柄，不论调节哪个手柄，另一个手柄始终与它保持成一条直线，并与曲线相切。若拖动一个手柄改变其长度，则另一个手柄也会等比缩放。旋转手柄，曲线随之扭转；拉长手柄，曲线被拉伸；缩短手柄，曲线收缩，如图 3-14 所示。

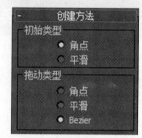

图3-11 "创建方法"卷展栏

（6）贝塞尔角点：这种方式是改进型的贝塞尔方式。角点上的两个手柄都可以单独旋转和伸缩，如图 3-15 所示。

在修改器堆栈中选择节点子层级，将指针对准样条线的角点并右击，在弹出的快捷菜单中，可以选择角点、平滑、贝塞尔或贝塞尔角点方式。

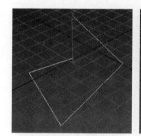

图3-12 角点方式

图3-13 平滑方式

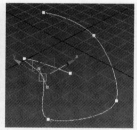

图3-14 贝塞尔方式

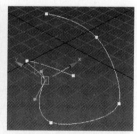

图3-15 贝塞尔角点方式

3.1.5 "键盘输入"卷展栏

"键盘输入"卷展栏可以定量地创建各种曲线。创建的曲线不同，要求输入的参数也不同。例如，设置"X"为 0，"Y"为 0，"Z"为 0，"半径"为 60，单击"创建"按钮，创建的圆如图 3-16 所示。

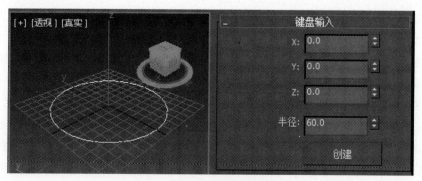

图3-16 输入特定参数创建圆

3.2 创建样条线实例

3.2.1 螺旋线

在"创建"命令面板中单击"图形"按钮，设置图形类型为"样条线"，单击"对象类型"卷展栏中的"螺旋线"按钮，设置参数，单击"键盘输入"卷展栏中的"创建"按钮，就能创建一条螺旋线。

实例3.4 用螺旋线创建一根绳子

（1）在"创建"面板中单击"图形"按钮，设置图形类型为"样条线"，单击"对象类型"卷展栏中的"螺旋线"按钮。

（2）在"渲染"卷展栏中，勾选"在视口中启用"复选框，设置"厚度"为5，如图3-17所示。在"参数"卷展栏中，设置"圈数"为10，"半径1"和"半径2"为3，创建一条螺旋线，如图3-18所示。

（3）沿z轴移动复制一条螺旋线，移动距离为半圈，得到的绳子如图3-19所示。

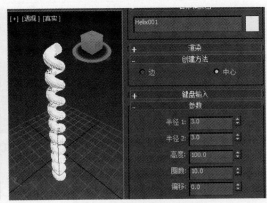

图3-17 设置"厚度"为5　　　　　图3-18 创建螺旋线并设置参数　　　　图3-19 创建的绳子

3.2.2 创建文本

在"创建"命令面板中单击"图形"按钮，设置图形类型为"样条线"，单击"对象类型"卷展栏中的"文本"按钮。在文本编辑框中输入文本，在任意视图中单击，就可以创建文本。在"参数"卷展栏中可以设置文本的字体、大小、间距、行间距等参数。如果选择的字体前有"@"符号，那么创建的文本是竖排的。如果选择的字体前无"@"符号，那么创建的文本是横排的。

实例3.5 创建横排文本和竖排文本

（1）在"创建"面板中单击"图形"按钮，设置图形类型为"样条线"，单击"对象类型"卷展栏中的"文本"按钮。在文本编辑框中输入文本，设置字体为"华文彩云"，如图3-20所示。

（2）重新输入文本，选择字体为"@华文彩云"，在"旋转"按钮上右击，弹出"旋转变换输入"对话框，在"绝对：世界"选项组中将"Z"设置为-90，如图3-21所示。

图3-20 横排文本   图3-21 竖排文本

3.2.3 创建圆和圆环

在"创建"命令面板中单击"图形"按钮，设置图形类型为"样条线"，再分别单击"对象类型"卷展栏中的"圆"按钮和"圆环"按钮，创建一个圆和一个圆环。如图3-22所示，左边样条线为圆，右边样条线为圆环，但它们并不只是单圆与双圆的区别。选择"挤出"修改器分别对两个图形进行挤出，效果如图3-23所示。

实例**3.6** 制作一个古钱币

（1）创建一个"半径"为60、"步数"为30的圆；一个长、宽均为20的矩形；一个"半径1"为56、"半径2"为60的圆环，在"插值"卷展栏中设置"步数"为30，如图3-24所示。

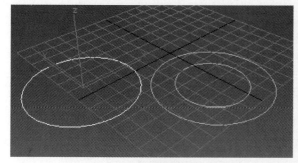

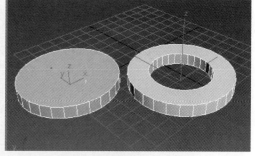

图3-22 圆和圆环   图3-23 圆和圆环挤出后效果

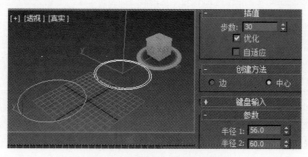

图3-24 创建圆、圆环和矩形

（2）选择矩形，单击"对齐"按钮后再单击圆，在出现的"对齐当前选择"对话框中勾选"X位置"和"Y位置"复选框，"当前对象"和"目标对象"选项组均选择"中心"单选按钮，如图3-25所示，单击"确定"按钮对齐圆和矩形，效果如图3-26所示。

（3）选择圆、圆环和矩形并右击，在弹出的快捷菜单中选择"转换为"→"转换为可编辑样条线"命令，如图3-27所示。选择圆，在"修改"命令面板的"几何体"卷展栏中单击"附加"按钮，单击矩形将其附加到圆上，如图3-28所示。

（4）依次创建"乾""隆""通""宝"四个字，四个字的大小均设置为35pt，效果如图3-29所示。

（5）选定所有对象，在"修改"命令面板的"修改器列表"中选择"挤出"修改器，挤出数量设置为2，效果如图3-30所示。

图3-25 "对齐当前选择"对话框

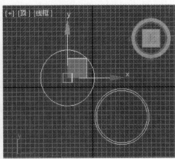

图3-26 圆和矩形对齐效果

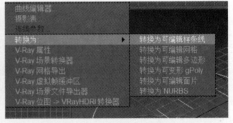

图3-27 圆、圆环和矩形转换为可编辑样条线

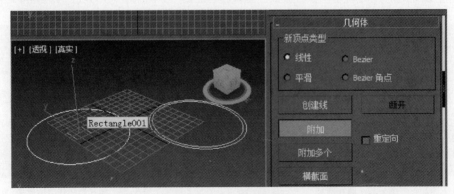

图3-28 将矩形附加到圆上

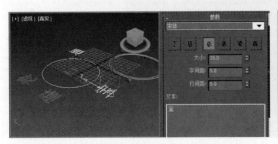

图3-29 创建"乾""隆""通""宝"四个字

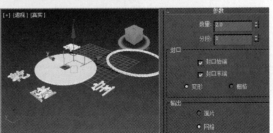

图3-30 将所有对象挤出

（6）选定"乾""隆""通""宝"四个字和圆圈，单击"对齐"按钮，单击圆和矩形形成的附加体，并将它们全部对齐到中心，如图3-31所示。

（7）右击"移动"按钮，在弹出的"移动变换输入"对话框"偏移：世界"选项组中，将"Z"设置为1，沿z轴上移使边框和四个字均露出适当高度，效果如图3-32所示。

（8）选定"乾"字，沿y轴移动35个单位。选定"隆"字，沿y轴移动-35个单位。选定"通""宝"两个字，沿x轴分别移动35、-35个单位，就得到一枚古钱币，如图3-33所示。

实例 3.7 吧台的制作

利用"线"和"挤出"修改器以及"几何体"搭配完成。最终渲染效果如图3-34所示。

（1）在"创建"面板中单击"图形"按钮，设置图形类型为"样条线"，单击"线"按钮，在顶视图中创建如图3-35所示图形。绘制线时，最后在起始点单击，会弹出"样条线"对话框，提示"是否闭合样条线？"单击"确定"按钮。

（2）在"插值"卷展栏中设置"步数"为12，在"修改"面板的修改器堆栈中选择线的"顶点"层级，分别在每个顶点上右击，并在弹出的快捷菜单中选择"Bezier角点"。单击"选择并移动"按钮并调整样条线，效果如图3-36所示。

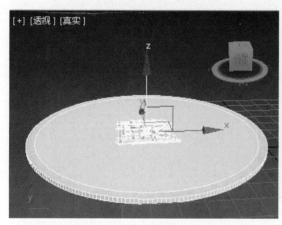

图3-31 四个字和圆圈中心对齐

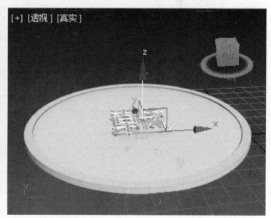

图3-32 四个字沿z轴上移1个单位

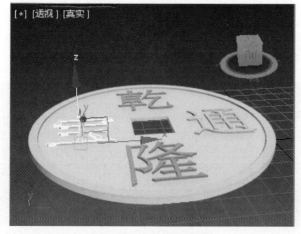

图3-33 古钱币最终结果

图3-34 吧台渲染结果

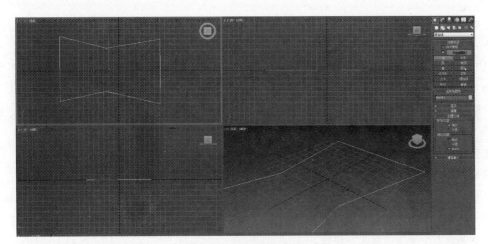

图3-35　绘制闭合样条线

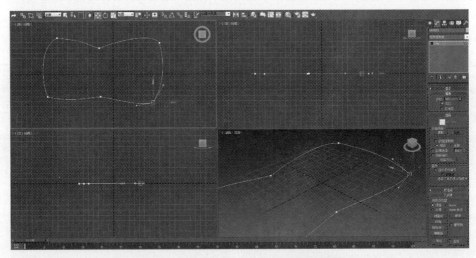

图3-36　设置顶点为Bezier角点并调整样条线

（3）在"修改"面板的"修改器列表"中选择"挤出"修改器，在"参数"卷展栏中设置"数量"为3。

（4）仿照步骤（1）、（2），绘制出更大的一个图形，并设置挤出数量为3，如图3-37所示。然后单击"选择并移动"按钮，在前视图中沿y轴调整至合适位置，如图3-38所示。

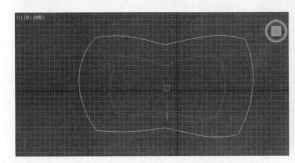

图3-37　绘制一个更大的样条线并挤出

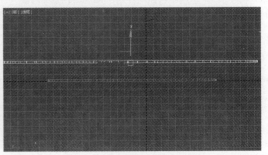

图3-38　调整两条样条线位置

（5）在"创建"面板中单击"几何体"按钮，设置几何体类型为"标准基本体"，单击"圆柱体"按钮，在顶视图中创建圆柱体，并调整至合适位置。在顶视图中单击"选择并移动"按钮，按住 Shift 键沿 x 轴复制圆柱体到合适位置，在弹出的"克隆选项"对话框中选择"实例"单选按钮，单击"确定"按钮，如图 3-39 所示。最后调整效果如图 3-40 所示。

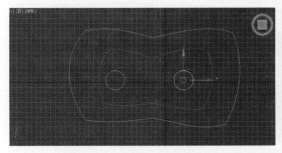

图3-39　创建圆柱体作为吧台腿

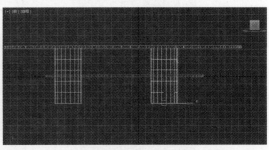

图3-40　复制圆柱体作为吧台另一条腿

（6）最终效果如图 3-41 所示。

实例 3.8　绘制二维图形

（1）导入图片。按 Alt+B 快捷键，打开"视口配置"对话框，切换到"背景"选项卡，单击"文件"按钮找到将要导入的素材，选中"匹配位图""显示背景"和"锁定缩放／平移"复选框，此时可以在视图中观察导入的素材，如图 3-42 所示。

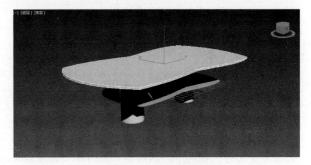

图3-41　吧台最终效果

（2）使用"线"命令绘制图形。

（3）绘制完毕后，将点的类型改成"Bezier Corner（贝塞尔角点）"，并调整其形态，如图 3-43 所示。

（4）设置二维图形的参数使其能够被渲染。切换至"修改"面板，在"渲染"卷展栏中勾选"在渲染中启用"和"在视口中启用"复选框，如图 3-44 所示。

（5）进行渲染，最终效果如图 3-45 所示。

图3-42　导入视图背景图片

图3-43　绘制线并调整形态

图3-44 "渲染"卷展栏

图3-45 最终渲染效果

实例 3.9 制作跳绳模型

（1）在"创建"面板中单击"图形"按钮，设置图形类型为"样条线"，单击"矩形"按钮，然后在顶视图中创建一个"长度"和"宽度"分别为727和31.5的矩形，并将其命名为"跳绳把手"，如图 3-46 所示。

（2）选择跳绳把手对象，在"修改"面板的"修改器列表"中选择"编辑样条线"修改器，将选择集定义为"顶点"，然后在"几何体"卷展栏中单击"优化"按钮，在矩形上添加顶点，并调整顶点位置，如图 3-47 所示。

（3）在"修改"面板的"修改器列表"中选择"车削"修改器，然后在"参数"卷展栏中单击"方向"选项组中的 Y 按钮和"对齐"选项组中的"最小"按钮，如图 3-48 所示。

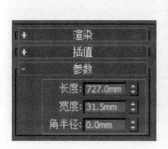

图3-46 矩形的参数

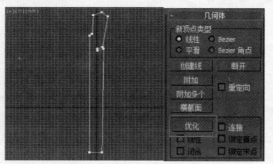

图3-47 用"优化"命令插入点

图3-48 "车削"修改器

（4）选择跳绳把手对象，对齐后选择"编辑"→"克隆"命令进行复制，然后调整复制出的对象的位置，并将其旋转一定角度，如图3-49所示。

（5）在"创建"面板中单击"图形"按钮，设置图形类型为"样条线"，单击"线"按钮，然后在顶视图中绘制线，将其命名为"绳"。切换至"修改"面板，将选择集定义为"顶点"，然后对其顶点进行调整。在"渲染"卷展栏中，勾选"在渲染中启用"和"在视口中启用"复选框，将"径向"下的"厚度"设置为10，如图3-50所示。

（6）在"创建"面板中单击"几何体"按钮，设置几何体类型为"标准基本体"，单击"长方形"按钮，在顶视图中绘制一个长方体，将长、宽、高分别设置为2600、3000和1，然后将其命名为"底板"，颜色设置为白色，如图3-51所示。

（7）在"创建"面板中单击"摄像机"按钮，设置摄像机类型为"标准"，单击"目标"按钮，在顶视图中创建一架目标摄像机，将"镜头"设置为50，然后在视图中调整它的位置，如图3-52所示。选择透视图，按C键将其转换为摄像机视图。

（8）在"创建"面板中单击"灯光"按钮，设置灯光类型为"标准"，单击"天光"按钮，在顶视图中创建天光，使用默认参数，然后在视图中调整天光的位置，如图3-53所示。

（9）在工具栏中单击"渲染设置"按钮，此时打开"渲染设置：默认扫描线渲染器"对话框，在"高级照明"选项卡中，将高级照明设置为"光跟踪器"，如图3-54所示，然后关闭该对话框即可。

（10）在"创建"面板中单击"灯光"按钮，设置灯光类型为"标准"，单击"泛光灯"按钮，在顶视图中创建一盏泛光灯，在"强度/颜色/衰减"卷展栏中将"倍增"设置为0.3，然后在视图中调整泛光灯的位置，如图3-55所示。

（11）在"常规参数"卷展栏中单击"排除"按钮，打开"排除/包含"对话框，在左侧的列表框中选择"底板"选项，然后单击"》"按钮，将"底板"排除泛光灯的照射，如图3-56所示。

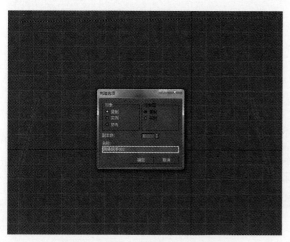

图3-49 复制一个跳绳把手并调整位置

图3-50 "绳"参数设置　图3-51 "底板"参数设置

图3-52　创建摄像机并设置参数

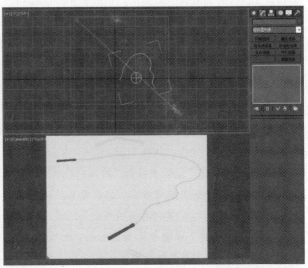

图3-53　创建天光

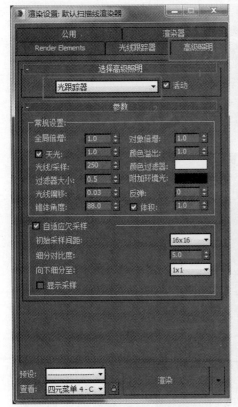

图3-54　渲染设置光跟踪器

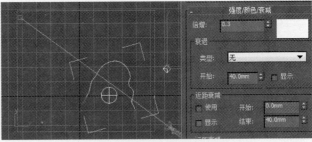

图3-55　创建泛光灯并设置参数

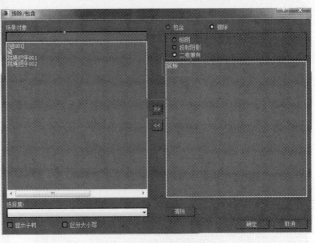

图3-56　泛光灯排除照射底板

（12）在工具栏中单击"材质编辑器"按钮，打开"材质编辑器"对话框，选择一个新的材质样本球，设置其材质参数，主要参数设置如图3-57所示。

①在"明暗器基本参数"卷展栏中，将明暗器类型设置为Blinn。

②在"Blinn基本参数"卷展栏中，将"环境光"和"漫反射"的RGB值都设置为209、0、0，将"自发光"设置为24，在"反射高光"选项组中将"高光级别"和"光泽度"分别设置为96和62。

③在场景中选择"跳绳把手"对象，然后单击"将材质指定给选定对象"按钮指定材质。

图3-57 跳绳把手材质参数设置

（13）选择一个新的材质样本球，然后设置其材质参数，如图3-58所示。主要设置如下：

①在"明暗器基本参数"卷展栏中，将明暗器类型设置为Blinn。

②在"Blinn基本参数"卷展栏中，将"环境光"和"漫反射"的RGB值都设置为0、0、0，将"自发光"设置为15，在"反射高光"选项组中将"高光级别"和"光泽度"分别设置为75和21。

③在场景中选择"绳"对象，然后单击"将材质指定给选定对象"按钮指定材质。

（14）选择摄像机视图，单击"渲染产品"按钮进行渲染，渲染效果如图3-59所示，最后选择"另存为"命令将场景文件保存即可。

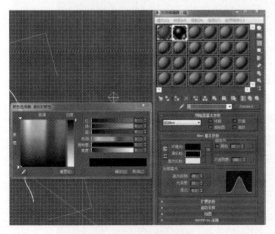

图3-58 绳材质设置

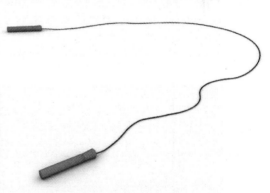

图3-59 渲染效果

实例3.10 五角星的制作

（1）在"创建"面板中单击"图形"按钮，设置图形类型为"样条线"，单击"星形"工具，在前视图中拖动鼠标创建星形，在"参数"卷展栏中将"半径1"和"半径2"分别设置为80和40，将"点"设置为5，在"名称和颜色"卷展栏中将颜色设置为红色，如图3-60所示。

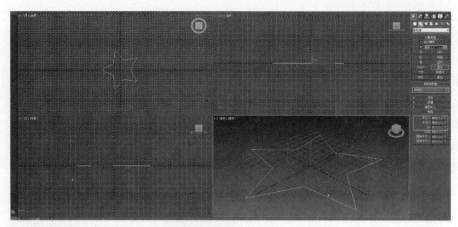

图3-60 绘制五角星

（2）切换至"修改"面板，在"修改器列表"中选择"挤出"修改器，在"参数"卷展栏中将"数量"设置为30，如图3-61所示。

（3）在"修改器列表"中选择"编辑多边形"修改器，将选择集定义为"顶点"，在左视图中选择上面的一组顶点，如图3-62所示。

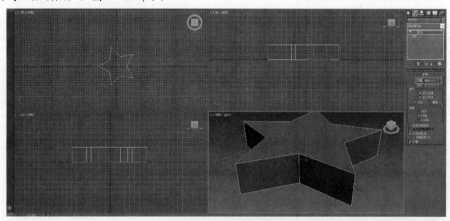

图3-61 挤出五角形

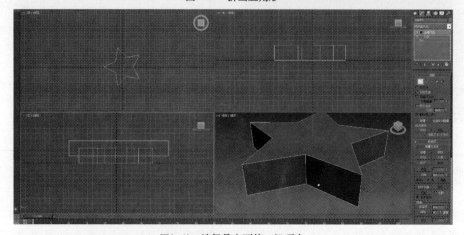

图3-62 选择最上面的一组顶点

（4）确认选择五角星的顶点，在工具栏中右击"选择并均匀缩放"按钮，弹出"缩放变换输入"对话框，在"偏移：屏幕"选项组中"%"文本框中输入 0，并按 Enter 键确认，如图 3-63 所示。

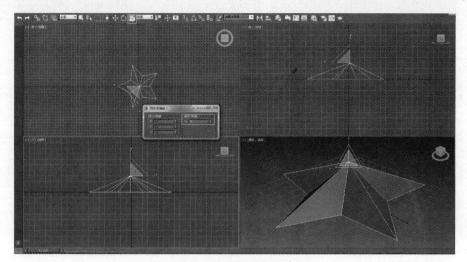

图3-63 均匀缩放得到五角星

（5）按 Ctrl+S 快捷键，将模型命名为"五角星"进行保存。

实例 3.11 制作冰箱贴

（1）在"创建"面板中单击"图形"按钮，设置图形类型为"样条线"，单击"圆"按钮，在前视图中创建圆，在"参数"卷展栏中设置"半径"为138，如图 3-64 所示。

（2）在前视图中创建椭圆，在"参数"卷展栏中设置"长度"为 47、"宽度"为 22，如图 3-65 所示。

（3）在前视图中使用实例复制方法复制椭圆，如图 3-66 所示。

（4）在前视图中创建合适的弧，如图 3-67 所示。

（5）切换到"修改"命令面板，为弧形施加"编辑样条线"修改器，将选择集定义为"样条线"，在"几何体"卷展栏中单击"轮廓"按钮，为弧设置轮廓，如图 3-68 所示。

（6）将选择集定义为"顶点"，删除多余顶点，调整顶点，如图 3-69 所示。

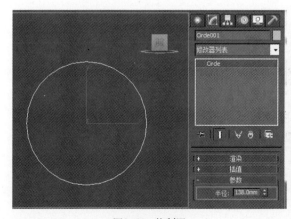

图3-64 绘制圆

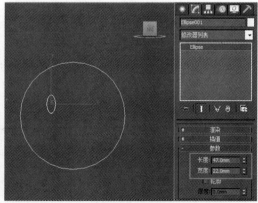

图3-65 绘制椭圆

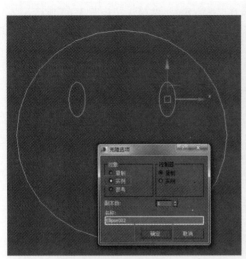

图3-66 复制椭圆

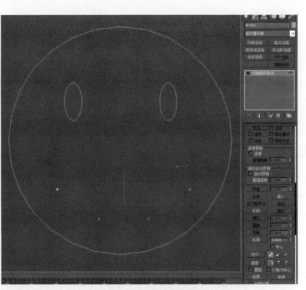

图3-67 创建嘴弧线

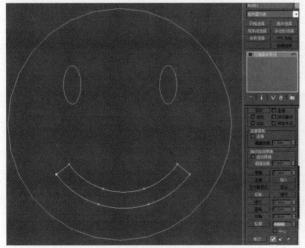

图3-68 嘴弧线轮廓设置

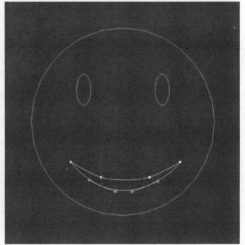

图3-69 调整顶点

（7）在"创建"面板中单击"图形"按钮，设置图形类型为"样条线"，单击"线"按钮，在前视图中创建如图3-70所示的图形。

（8）切换到"修改"命令面板，将线的选择集定义为"顶点"，选择需要调整的顶点，并在顶点上右击，在弹出的快捷键菜单中选择"Bezier"，调整顶点，如图3-71所示。

（9）在前视图中选择使用"线"创建图形，切换到"层次"命令面板，在"调整轴"卷展栏中单击"仅影响轴"按钮，调整轴点的位置，如图3-72所示。

（10）在工具栏中选择"选择并旋转"工具，在前视图中按住Shift键旋转复制图形，设置合适的"副本数"，如图3-73所示。

（11）按Ctrl+A快捷键全选图形，为图形添加"倒角"修改器，在"倒角值"卷展栏中勾选"级别2"复选框并设置其"高度"为10，勾选"级别3"复选框并设置其"高度"为3、"轮廓"为-2，调整冰箱贴模型眼睛、嘴的位置，如图 3-74 所示。

（12）制作完成的冰箱贴模型如图 3-75 所示。

图3-70　绘制花瓣图形

图3-71　调整花瓣图形顶点

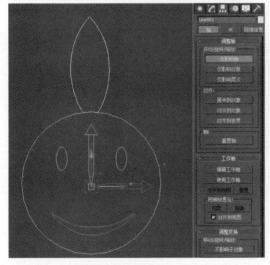

图3-72　调整轴心

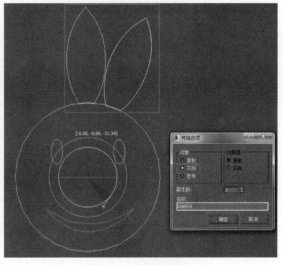

图3-73　旋转复制图形

图3-74　倒角参数设置

图3-75　渲染效果

练习题

利用本章所学知识，制作如图 3-76 所示的蚊香盒场景。

图3-76 蚊香盒场景

第4章 编辑修改器

大部分三维软件都会提供一定的常用标准基本体，包括二维或三维基本几何体，但是只有这些基本体无法满足设计制作各种复杂的复合模型的需求，于是修改器建模便应运而生，它是在基本几何体的基础上进行修改，让其产生更多的不规则的复杂形体。复杂一点的三维模型大多需要先绘制二维图形，再对二维图形进行编辑，并对其施加一种或几种修改器，从而得到理想的三维模型。本章介绍常用的修改器，通过了解常用的修改建模工具的属性和作用，包括二维几何体和三维几何体，能够正确运用常用修改器完成各种初级模型的制作，并掌握修改建模的整体思路。

4.1 修改器

创建好物体后，可在命令面板中单击"修改"按钮进入"修改"命令面板，然后在"修改器列表"中选择相应的修改器对物体进行修改。3ds Max 允许对一个物体添加多个修改器，每次执行的修改命令都会在修改器堆栈中被记录，可以在任何时候返回到这些修改步骤进行增加、删除、调整参数等操作，如图4-1所示。

4.1.1 修改器堆栈

在"修改"命令面板的"修改器列表"中，3ds Max 提供了数十个修改器，单击"修改器列表"右侧的下拉按钮，就会显示修改器列表。"修改器列表"下方就是修改器堆栈，修改器堆栈用来保存创建

图4-1 "修改"命令面板

的对象名称和用过的修改器及其修改记录。每一个创建的对象都有自己的修改器堆栈，在修改器堆栈中用户不仅可以清晰地看到曾经使用过的修改器，而且也可以重新回到曾经使用过的任何一个修改器，继续以前的修改。在修改器堆栈中记录的所有修改过程，都可以设置成动画。修改器堆栈用于记录对当前所选物体施加的所有修改信息，并保留各项命令的参数，新使用的修改命令总是放置在堆栈的最上面，堆栈的最下面是物体的创建命令。堆栈区的下方有一组按钮，这一组按钮用来对堆栈进行控制。

（1） ⚙ "启用与禁用修改器"：用于开启和关闭修改器命令。单击该图标后会变为 ⚙ ，表示该命令被关闭，被关闭的命令不再对对象产生影响，再次单击该图标，命令会重新开启。

（2） ⬛ "锁定堆栈"按钮：未选择"锁定堆栈"按钮时，"修改"命令面板中的堆栈是与选定的对象对应的。如果选择了"锁定堆栈"按钮，则"修改"命令面板中的堆栈被锁定，即不再随选定对象的改变而改变。

（3） 🗑 "移除修改器"按钮：单击此按钮，能够移除当前选定的修改器。修改器移除后，所有与之相关的操作都被撤销。

（4） ∨ "配置修改器集"按钮：单击该按钮会弹出一菜单。该菜单由三个选择区域组成。选择"配置修改器集"命令，会弹出"配置修改器集"对话框。用该对话框，能重新配置要显示在"修改"命令面板上的修改器。选择"显示按钮"命令，可以将选择的修改器集以按钮的形式显示在"修改"命令面板中。最下面的区域是修改器集列表。选定一种修改器集，再选择"显示按钮"命令，就能将这一修改器集中的所有修改器以按钮的形式显示在"修改"命令面板中。

（5） ⚏ "使唯一"按钮：当对一组选择对象施加修改器时，这个修改命令会同时影响所有物体，以后在调节这个修改命令参数时，会对所有物体同时产生影响，因为它们已经属于实例（Instance）关联属性的命令了。通过"使唯一"，可以将已实例化或引用的对象或已实例化的修改器转换为唯一的副本。

在修改器堆栈中，有些命令左侧有一个"+"符号，表示该命令拥有子层级选项，单击此按钮，展开该命令中的选择集。定义选择集后，该选择集会变为黄色，表示已被启用，如图4-2所示。

在修改器堆栈中右击会弹出快捷菜单，菜单中的各命令如下：

（1）删除：删除所选的修改命令。

（2）复制：复制所选的修改命令至系统剪贴板中。

（3）粘贴：从系统剪贴板中粘贴修改命令，粘贴的修改命令处于当前选定修改命令的上方。

（4）粘贴实例：从系统剪贴板中关联粘贴修改命令，如果重新编辑原先的修改命令，则关联粘贴的修改命令会同步改变。通常用于在不同的物体之间复制修改命令。

（5）使唯一：将关联修改命令转变为独立的修改命令。

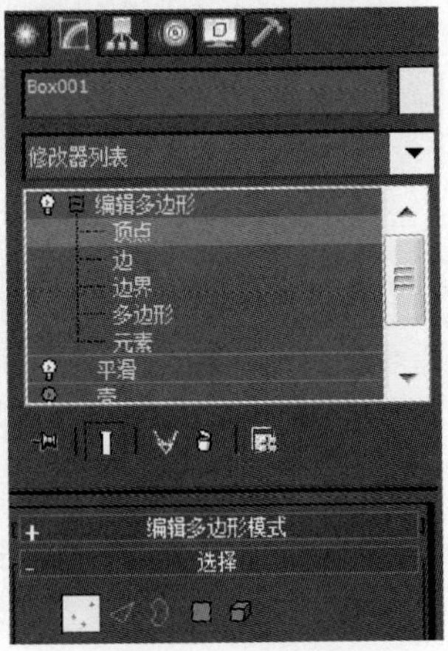

图4-2 子层级

（6）塌陷到：将选定的修改命令与其下的修改命令进行合并。物体塌陷后会失去这些修改命令的参数信息，以后不能再返回到这些修改命令中进行调节。

（7）塌陷全部：将修改器堆栈中所有的修改命令进行合并。塌陷结果依赖于当前对象的类型，普通网格模型会被塌陷为"可编辑网格"物体。

4.2 二维图形转化为三维模型

前面章节介绍了二维图形的创建，通过对二维图形基本参数的修改可以在原有图形的基础上，创建出更多种类的、不规则的、形状更复杂的图形。但是如何将二维的图形或线条转化为三维的立体模型呢？本节会通过介绍编辑修改器来完成二维图形向三维模型转化的方法。

4.2.1 "编辑样条线"修改器

在 3ds Max 2015 中默认的样条线种类很少，如果需要制作一些外形复杂的模型，默认样条线已无法满足操作需要时，可以将基本二维图形转化为可编辑样条线，然后就可以对编辑样条线的子对象层级进行修改，最终得到需要的二维图形，从而为创建三维模型打下基础。"编辑样条线"修改器如图 4-3 所示。

1．3 种子对象

（1）顶点：曲线的最小单位。

（2）线段：即 2 个顶点间的线条。

（3）样条线：即整条曲线。

2．编辑点

（1）顶点类型：进入样条线的次对象级别，选中顶点，其中包括线性、Bezier、平滑和 Bezier 角点四种顶点类型，如图 4-4 所示。

Bezier（贝赛尔）角点：贝赛尔尖角节点，带手柄，左右侧手柄可以分别调整。

Bezier（贝赛尔）：贝赛尔圆滑节点，带手柄，调整某一侧手柄，另一侧手柄随之而动。

角点：尖角节点，没有手柄。

平滑：圆滑节点，没有手柄。

图4-3 "编辑样条线"修改器　　图4-4 选择"顶点"层级

（2）锁定手柄：可以使曲线规律性变化。

（3）增加节点：在曲线中单击"优化"（细化）按钮。

（4）断开节点：选择曲线中的某个节点单击"断开"（打断）按钮。

（5）自动焊接（选项）：选中这一选项后，当用移动工具将两个节点重叠，则自动闭合焊接。

（6）连接节点：单击"连接"按钮，选择某个节点，然后拖动到另一个节点处，则自动建立一个连接线。

（7）熔合：将两个点重叠，框选两个点，单击"熔合"按钮。

（8）圆角：产生圆角。单击"圆角"按钮，选择一个或多个角，在圆角输入框中输入数值。

（9）切角：产生倒角。单击"切角"按钮，选择一个或多个角，在切角输入框中输入数值。

（10）附加曲线：将其他线条附加到当前图形中。在场景中建立多个曲线，选中一个曲线，单击"附加曲线"按钮"，选择需要附加的线条。

实例 4.1　文件夹子的制作

（1）在"创建"面板中单击"图形"按钮，设置图形类型为"样条线"，单击"圆"按钮，在前视图中创建一个"半径"为3.8的圆，如图4-5所示。

（2）在"创建"面板中单击"图形"按钮，设置图形类型为"样条线"，单击"矩形"按钮，在前视图中创建一个长35、宽24.5的矩形，如图4-6所示。

（3）选择矩形，右击，在弹出的快捷菜单中选择"转换为"→"转换为可编辑样条线"命令，将矩形转化为可编辑样条线，切换到"修改"命令面板，选择"顶点"层级，选择矩形所有顶点，右击，在弹出的快捷菜单中选择"角点"命令，把顶点转换为角点。

（4）选择"线段"层级，删除左侧线段和左上侧顶点，然后选择"顶点"层级，调整顶点位置，如图4-7所示。

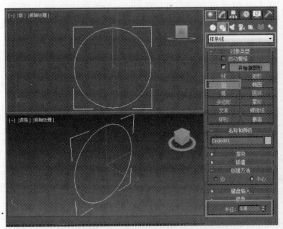
图4-5　创建圆

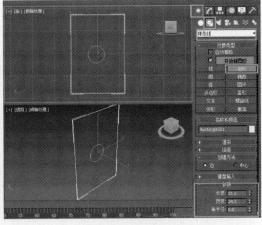
图4-6　创建矩形

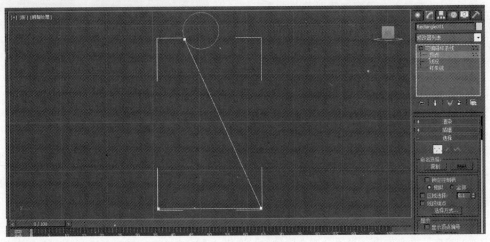
图4-7　调整顶点位置

（5）在"几何体"卷展栏中单击"附加"按钮，再选择圆环，把圆环附加进来。

（6）选择"线段"层级，选择图4-8所示的线段，在"几何体"卷展栏中单击"拆分"按钮。

（7）删除下侧的线段，选择"顶点"层级，选择如图4-9所示的两个顶点，在"几何体"卷展栏中先单击"熔合"按钮，再单击"焊接"按钮。

（8）调整顶点位置，如图4-10所示。

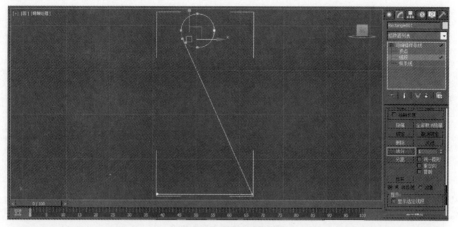

图4-8 拆分线段

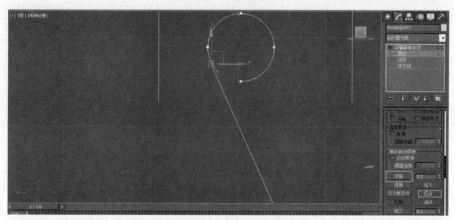

图4-9 融合两个顶点

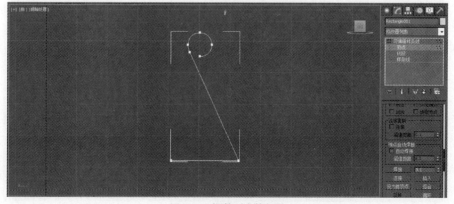

图4-10 调整顶点的位置

（9）在"几何体"卷展栏中单击"圆角"按钮，用鼠标拖动右下侧的顶点，拖出圆角，如图4 11所示。

（10）退出"顶点"层级，单击工具栏里的"镜像"按钮，选择"X"单选按钮，进行复制，调整两个图形的位置，选择原始图形，把镜像出的图形附加进来，如图4-12所示。

（11）选择"顶点"层级，选择图4-13所示底部中间两个顶点，单击"几何体"卷展栏中的"熔合"按钮和"焊接"按钮，把两个顶点焊接成一个顶点，然后按Delete键删除这个顶点，如图4-13所示。

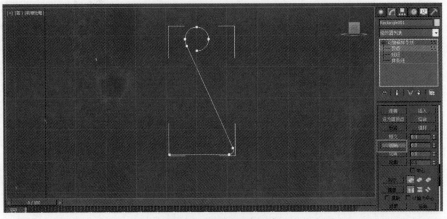

图4-11 给顶点添加圆角

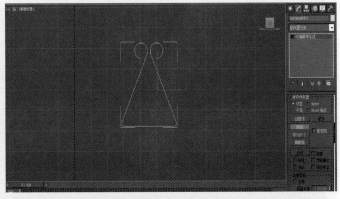

图4-12 附加镜像出的图形

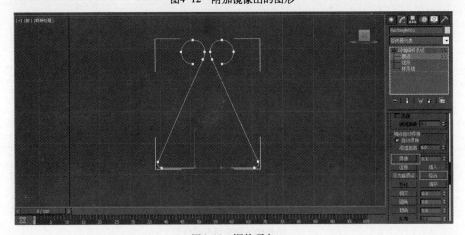

图4-13 调整顶点

（12）退出"顶点"层级，为整个图形添加"挤出"修改器，将"参数"卷展栏中的"数量"改为65，如图4-14所示。

（13）为整个图形添加"编辑多边形"修改器，选择"边"层级，单击"编辑几何体"卷展栏中的"切片平面"按钮，拖动并旋转切片平面，单击"切片"按钮，进行切片。拖出两个切片平面，如图4-15所示。

（14）关闭"切片平面"，选择"多边形"层级，删除图4-16所示部分。

（15）为整个图形添加"壳"修改器，在"参数"卷展栏中将"内部量"设置为0.2，"外部量"设置为0.3，如图4-17所示。

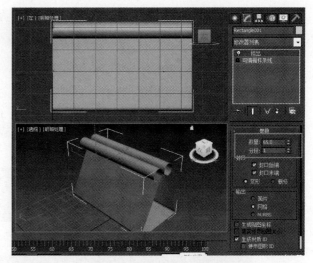

图4-14 添加"挤出"修改器

（16）为整个图形添加"平滑"修改器，在"参数"卷展栏中勾选"自动平滑"复选框，"阈值"改为22，如图4-18所示。

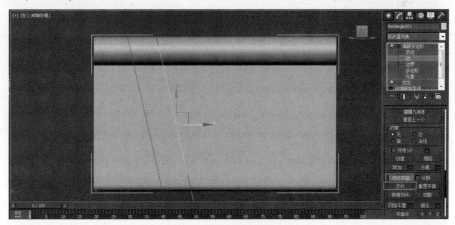

图4-15 对图形进行切片

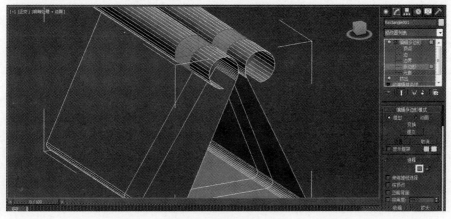

图4-16 删除所选多边形

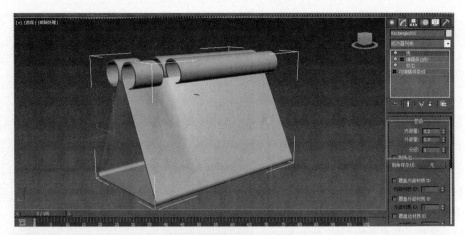

图4-17 添加"壳"修改器

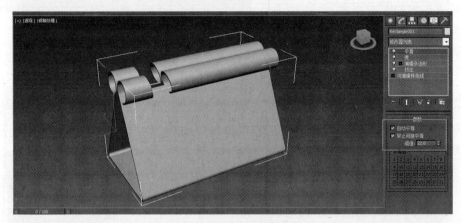

图4-18 添加"平滑"修改器

（17）为整个图形添加"对称"修改器，在"参数"卷展栏中勾选"翻转"复选框，镜像轴选Z轴，选择"镜像"层级，拖动到图4-19所示"对称"修改器的效果。

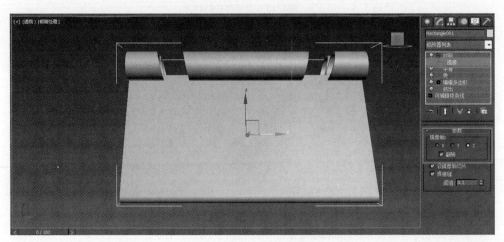

图4-19 添加"对称"修改器

（18）在"创建"面板中单击"图形"按钮，设置图形类型为"样条线"，单击"矩形"按钮，在顶视图中创建一个长为40、宽为70的矩形。

（19）右击矩形，在弹出的快捷菜单中选择"转换为"→"转换为可编辑样条线"命令，把矩形转换为可编辑样条线，调整矩形位置。

（20）选择"线段"层级，删除左侧线段，然后选择"顶点"层级，选择矩形所有顶点，右击，在弹出的快捷菜单中选择"角点"命令将其转换为角点。再通过单击"参数"卷展栏中的"优化"按钮添加顶点并使用移动工具移动顶点位置，调整图形，如图4-20所示。

（21）选择"线段"层级，删除下半部分的线段，如图4-21所示。

（22）选择"样条线"层级，在"几何体"卷展栏中勾选"复制"复选框，选择"垂直镜像"，单击"镜像"按钮，调整复制的图形位置，如图4-22所示。

（23）选择"顶点"层级，选择结合处的两个顶点，在"几何体"卷展栏中先单击"熔合"按钮，再单击"焊接"按钮把两个点焊接成一个顶点。然后在"渲染"卷展栏中勾选"在渲染中启用"和"在视口中启用"复选框，选择"径向"单选按钮并将"厚度"改为2.8，如图4-23所示。

（24）退出子层级选择，用旋转工具和移动工具调整图形位置，如图4-24所示。

（25）单击工具栏里的"镜像"按钮，选择"X"单选按钮，进行复制，调整复制图形的位置，得到如图4-25所示的最终效果。

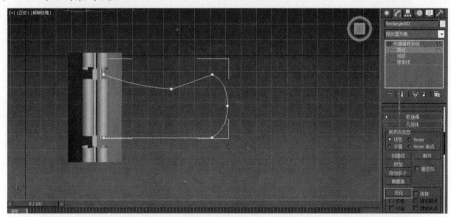

图4-20 调整顶点位置

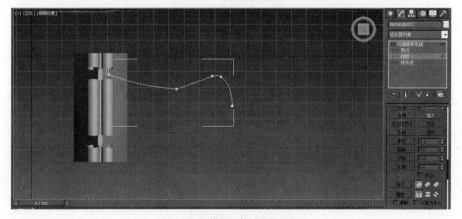

图4-21 删除下半部分的线段

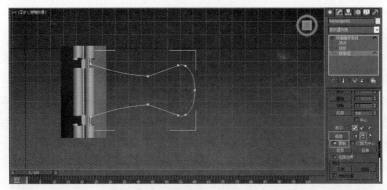

图4-22 使用"镜像"命令复制图形

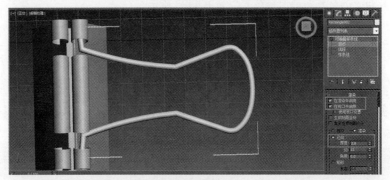

图4-23 渲染线条

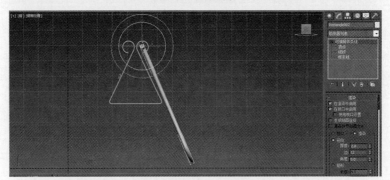

图4-24 调整图形位置

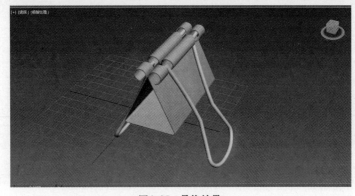

图4-25 最终效果

4.2.2 "挤出"修改器

"挤出"修改器简单来讲就是使二维图形产生厚度，使其转化成三维模型，其操作流程是：先创建好需要挤出的二维图形，然后选择二维图形，再在"修改"面板的"修改器列表"中，选择"挤出"修改器，调整挤出数值，完成挤出操作。"挤出"修改器参数设置面板如图4-26所示，其中重要参数介绍如下。

（1）数量：拉伸的高度。

（2）分段：设置拉伸后的对象的分段数，便于变形编辑。

（3）封口始端：拉伸起始面闭合或打开。

（4）封口末端：拉伸末端面闭合或打开。

（5）面片：产生一个可以折叠到面片对象中的对象。

（6）网格：产生一个可以折叠到网格对象中的对象。

（7）NURBS：产生一个可以折叠到NURBS对象中的对象。

（8）平滑：将平滑应用于挤出图形。

图4-26 "挤出"修改器参数设置面板

实例4.2 楼梯的制作

（1）在"捕捉开关"按钮上右击，打开"栅格和捕捉设置"对话框，在"捕捉"选项卡中勾选"栅格点"复选框，在"主栅格"选项卡中将"栅格间距"设置为15 cm，如图4-27所示。

（2）在"创建"面板中单击"图形"按钮，设置图形类型为"样条线"，单击"线"按钮，在左视图中绘制二维图形并选择闭合样条线（横向停顿两格竖向停顿一格，一格表示15 cm），如图4-28所示。

（3）单击"捕捉开关"按钮，在"修改"命令面板的"修改器列表"中选择"挤出"修改器，在"参数"卷展栏中将"数量"设置为100，如图4-29所示。

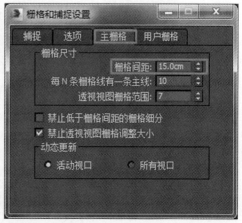

图4-27 "栅格和捕捉设置"对话框

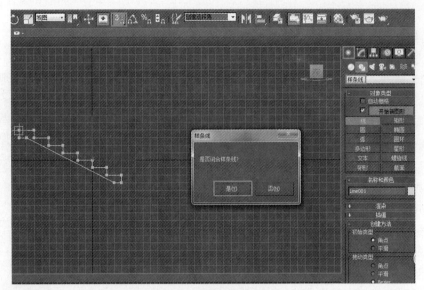

图4-28　绘制闭合样条线

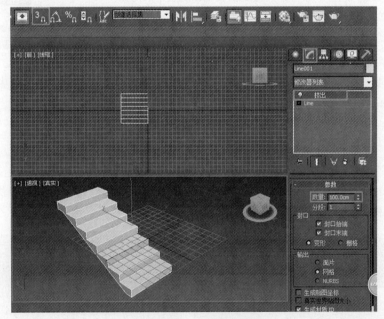

图4-29　添加"挤出"修改器

4.2.3　"车削"修改器

　　"车削"修改器也是一种将二维图形转变为三维模型的重要工具，主要用于创建有固定旋转轴的三维对象，如酒杯、花瓶、碗等具有对称性的旋转体模型。下面讲解"车削"修改器，其参数设置面板如图 4-30 所示，其中重要参数介绍如下。

（1）轴：在子对象层级上，可以改变旋转轴。

（2）度数：确定对象绕轴旋转多少度（范围 0~360，默认值是 360）。

（3）焊接内核：将旋转轴中的顶点焊接来简化网格。

（4）翻转法线：依赖图形上顶点的方向和旋转方向，旋转对象可能会内部外翻。

（5）分段：在起始点与终点之间，确定在曲面上创建多少插补线段。默认值为 16。

（6）"封口"选项组：如果设置的车削对象的"度数"小于 360°，它控制是否在车削对象内部创建封口。

封口始端：封口设置的"度数"小于 360°的车削对象的始点，并形成闭合图形。

封口末端：封口设置的"度数"小于 360°的车削对象的终点，并形成闭合图形。

（7）"方向"选项组：设置轴的旋转方向，共有"X""Y"和"Z"3个选项可供选择。

（8）"对齐"选项组：设置对齐的方式，共有"最小""中心"和"最大"3 种方式可供选择。

图4-30 "车削"修改器参数设置面板

实例 4.3 红酒杯的制作

（1）在"创建"面板中单击"图形"按钮，设置图形类型为"样条线"，单击"线"按钮，在前视图中创建一条线段，如图 4-31 所示。

（2）切换到"修改"命令面板，选择样条线，在"几何体"卷展栏中单击"轮廓"按钮，拖动线段，得到如图 4-32 所示的结果。

（3）选择"顶点"层级，删除杯口外边的一个顶点，然后再分别选择几个拐点，在"几何体"卷展栏中单击"圆角"按钮，分别进行拖曳，对这几个顶点进行圆角处理，得到如图 4-33 所示的结果。

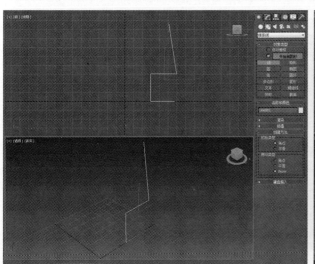

图4-31 创建样条线

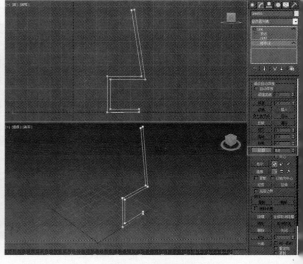

图4-32 拖出轮廓

　　（4）退出"顶点"层级，选择"线段"层级，为线段添加"车削"修改器，将"参数"卷展栏中的"分段"设置为60，"方向"设置为"Y"，"对齐"设置为"最小"，如图4-34所示。

　　（5）切换至"修改"命令面板，为整个图形添加"壳"修改器。

　　（6）按F9键，进行渲染，效果如图4-35所示，然后在菜单栏中选择"文件"→"保存"命令对场景文件进行保存。

4.2.4　"倒角"修改器

　　"倒角"修改器可以使二维图形具有一定的厚度形成立体模型，还可以使立体模型产生一定的线形或圆形的倒角。在制作三维立体文字或标志模型时，使用"挤出"修改器只能生成垂直的边角，而使用"倒角"修改器则可以产生具有圆角的三维形体，可以使模型表现的细节更加真实。"倒角"修改器参数设置面板如图4-36所示，其中重要参数介绍如下。

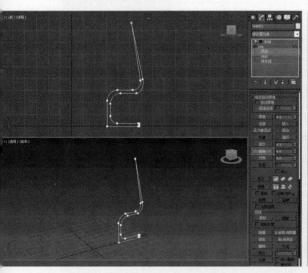
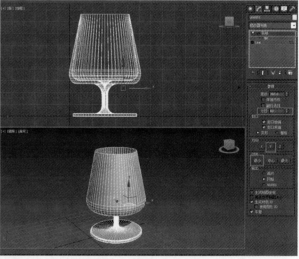

图4-33　给"顶点"添加圆角　　　　　　　图4-34　添加"车削"修改器

图4-35　最终效果　　　　　　图4-36　"倒角"修改器参数设置面板

（1）"封口"选项组："始端"和"末端"复选框用于确定倒角对象是否要在开始端或结束端封口。

（2）"曲面"选项组：控制曲面侧面的曲率、平滑度和贴图，开始的两个单选按钮设置级别之间使用的插值方法，即线性侧面或者曲线侧面。

线性侧面：选择此单选按钮后，级别之间会沿着一条直线进行分段插值。

曲线侧面：选择此单选按钮后，级别之间会沿着一条 Bezier 曲线进行分段插值。

分段：在每个级别之间设置分段的数量。

级间平滑：控制是否将平滑组应用于倒角对象侧面，封口会使用与侧面不同的平滑组。勾选此复选框后，对侧面应用平滑组，侧面显示为弧状；取消勾选此复选框后，不应用平滑组，侧面显示为平面倒角。

生成贴图坐标：勾选此复选框后，将贴图坐标应用于倒角对象。

（3）"相交"选项组：防止从重叠的临近边产生锐角，倒角操作最适合于弧状图形或图形的角大于90°，锐角（小于90°）会产生极化倒角，常常会与邻边重合。

避免线相交：防止轮廓彼此相交，它通过在轮廓中插入额外的顶点并用一条平直的线段覆盖锐角来实现。

分离：设置边之间所保持的距离，最小值为 0.01。

（4）"倒角值"卷展栏：包含设置高度和四个级别的倒角量的参数。倒角对象需要两个级别的最小值，即起始值和结束值，可以添加更多的级别来改变倒角从开始到结束的量和方向，最后级别始终位于对象的上部，必须始终设置"级别 1"的参数。

起始轮廓：设置轮廓从原始图形的偏移距离，非零设置会改变原始图形的大小，正值会使轮廓变大，负值会使轮廓变小。

实例 4.4　立体文字的制作

（1）在"创建"面板中单击"图形"按钮，设置图形类型为"样条线"，单击"文本"按钮，在"文本"输入框中输入"双 11 大促"，如图 4-37 所示。

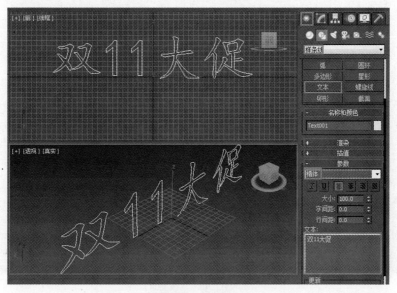

图4-37　创建文本

（2）在"修改"命令面板的"修改器列表"中选择"倒角"修改器，如图4-38所示。

（3）在"倒角值"卷展栏中设置"级别1"的"高度"为10；设置"级别2"的"高度"为5，"轮廓"为−2，如图4-39所示。

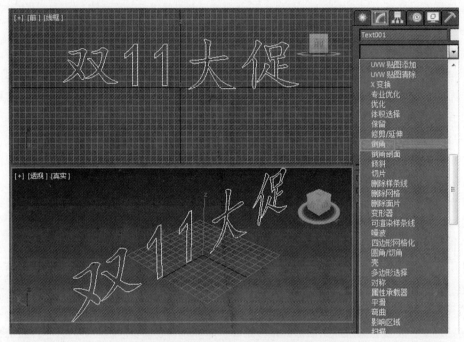

图4-38　给文本添加"倒角"修改器

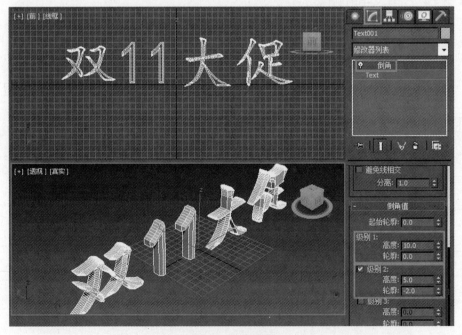

图4-39　最终效果

4.3 修改三维几何体模型

前一小节主要讲解了将二维图形或线条转化为三维立体模型的常用修改器，本节主要讲解有关修改三维模型的常用修改器。通过学习这些修改器的使用方法，可以丰富大家在简单建模的基础上创建出一些稍微复杂的物体。

4.3.1 "弯曲"修改器

"弯曲"修改器是最常用的三维物体修改器，允许当前创建的三维模型对象围绕单独轴弯曲360°，产生均匀弯曲的曲线性变形，但是要求被弯曲的物体要有相应的分段数。"弯曲"修改器不仅可以对几何体的任意一段限制弯曲，还可以在任意一个轴向上控制不同的弯曲角度与方向。"弯曲"修改器参数设置面板如图 4-40 所示，其中重要参数介绍如下。

（1）角度：更改弯曲度数。

（2）方向：更改弯曲走向。

（3）弯曲轴：设置弯曲的坐标轴。

（4）限制：

限制效果：限制的开关。

上限：设置弯曲的上限（终点）。

下限：设置弯曲的下限（起点）。

图4-40 "弯曲"修改器
参数设置面板

实例 4.5 水龙头的制作

（1）在"创建"面板中单击"几何体"按钮，设置几何体类型为"扩展基本体"，单击"切角圆柱体"按钮，在顶视图中创建一个"半径"为14、"高度"为80、"圆角"为2、"高度分段"为1、"圆角分段"为3、"边数"为24、"端面分段"为1的切角圆柱体，如图 4-41 所示。

（2）用同样的方法，在顶视图中创建一个"半径"为15.5、"高度"为20、"圆角"为0.5、"高度分段"为1、"圆角分段"为3、"边数"为24、"端面分段"为1的切角圆柱体，如图 4-42 所示。

（3）调整两个切角圆柱体的位置，如图 4-43 所示。

（4）按照步骤（1）、（2）的方法，在前视图中创建一个"半径"为3、"高度"为25、"圆角"为0.5、"高度分段"为1、"圆角分段"为3、"边数"为24、"端面分段"为1的切角圆柱体，如图 4-44 所示。

（5）调整第三个切角圆柱体的位置，如图 4-45 所示。

（6）在"创建"面板中单击"几何体"按钮，设置几何体类型为"扩展基本体"，单击"油罐"按钮，在前视图中创建一个"半径"为1.5、"高度"为3、"封口高度"为1、"边数"为24的油罐，如图 4-46 所示。

（7）调整油罐体和整体的位置，如图 4-47 所示。

（8）在"创建"面板中单击"几何体"按钮，设置几何体类型为"标准基本体"，单击"管状体"按钮，在前视图中创建一个"半径1"为1.5、"半径2"为2.6、"高度"为60、"高度分段"为5、"端面分段"为1、"边数"为18的管状体，如图 4-48 所示。

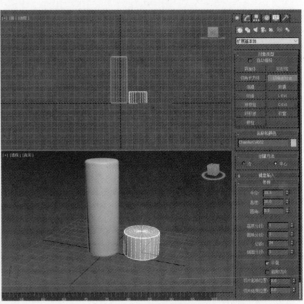

图4-41　创建切角圆柱体1　　　　　　　　　图4-42　创建切角圆柱体2

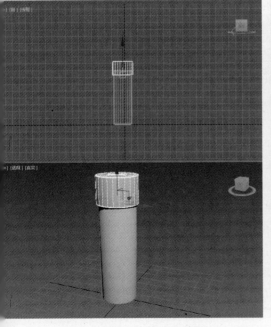
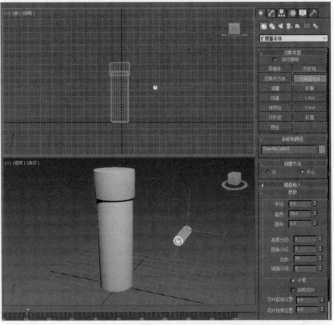

图4-43　调整切角圆柱体的位置　　　　　　图4-44　创建第三个切角圆柱体

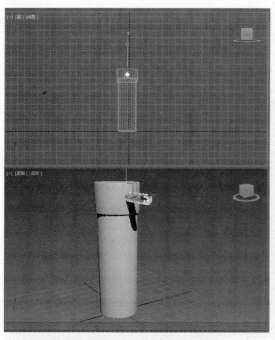

图4-45 调整第三个切角圆柱体的位置

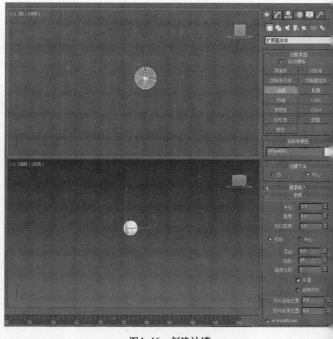

图4-46 创建油罐

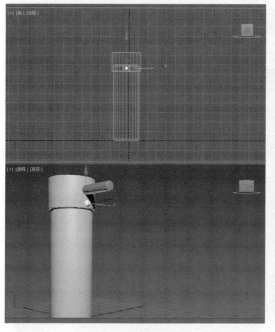

图4-47 调整油罐位置

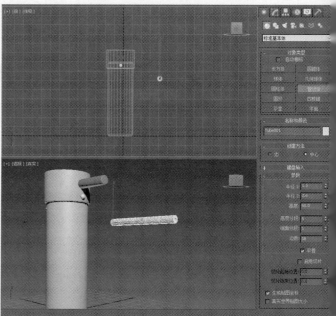

图4-48 创建管状体

（9）调整管状体和整体的位置，如图4-49所示。

（10）选择管状体，切换到"修改"命令面板，为其添加"弯曲"修改器，在"参数"卷展栏中将"角度"改为40，"方向"改为90，如图4-50所示。

（11）按F9键进行渲染，效果如图4-51所示，然后在菜单栏中选择"文件"→"保存"命令对场景文件进行保存。

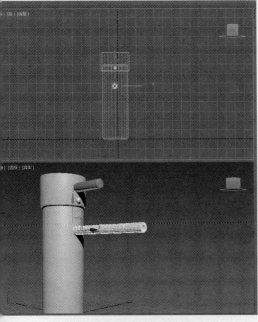

图4-49 调整管状体和整体的位置

图4-50 为管状体添加"弯曲"修改器

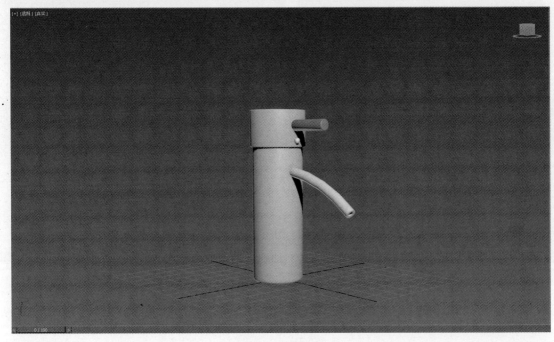

图4-51 最终效果

4.3.2 "锥化"修改器

"锥化"修改器是通过缩放对象几何体的两端产生锥化轮廓，一端放大而另一端缩小。使用"锥化"修改器可以在两组轴上控制锥化的量和曲线，也可以对几何体的一端限制锥化产生锥化效果。"锥化"修改器参数设置面板如图 4-52 所示，其中重要参数介绍如下。

1. 修改器堆栈

（1）Gizmo：可以在此子对象层级上与其他对象一样对 Gizmo 进行变换并设置动画，也可以改变"锥化"修改器的效果。平移 Gizmo 会将其中心点传送至合适的位置。旋转和缩放会相对于 Gizmo 的中心进行。

（2）中心：可以在此子对象层级上平移中心并对其设置动画，改变锥化 Gizmo 的图形，并由此改变锥化对象的图形。有关堆栈显示的详细信息，请参见"4.1.1 修改器堆栈"。

2. "参数"卷展栏

（1）锥化：

数量：设置锥化量。

曲线：设置锥化后，物体中间弯曲度。

（2）锥化轴：

主轴：控制锥化的基本轴向：默认设置为"Z"。

效果：控制锥化效果在哪一轴向上，影响轴可以是剩下两个轴的任意一个，或者是它们的合集。如果主轴是"X"，影响轴可以是"Y""Z"或"YZ"。默认设置为"XY"。

对称：使物体变为对称体，围绕主轴产生对称锥化。

（3）限制：

限制效果：限制的开关。

上限：设置锥化的上限，此边界位于锥化中心点上方。

下限：设置锥化的下限，此边界位于锥化中心点下方。

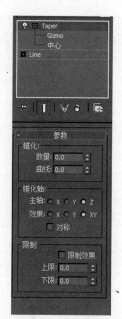

图4-52 "锥化"修改器参数设置面板

实例 4.6 台灯的制作

（1）在"创建"命令面板中单击"图形"按钮，设置图形类型为"样条线"，单击"线"按钮，在前视图中创建一条线段，如图 4-53 所示。

（2）切换到"修改"命令面板，为线段添加"车削"修改器，在"参数"卷展栏中将"分段"设置为 60，"方向"设置为"Y"，"对齐"设置为"中心"，如图 4-54 所示。

（3）在"创建"面板中单击"图形"按钮，设置图形类型为"样条线"，单击"星形"按钮，在顶视图中创建一个"半径 1"为 82、"半径 2"为 80、"点"为 30 的星形，如图 4-55 所示。

（4）切换到"修改"命令面板，为其添加"编辑样条线"修改器，选择"样条线"层级，在"几何体"卷展栏中单击"轮廓"按钮，拖动线段，得到如图 4-56 所示结果。

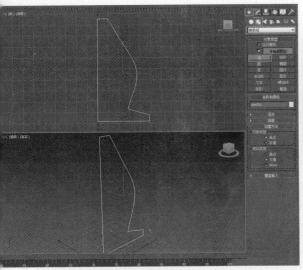

图4-53 创建样条线

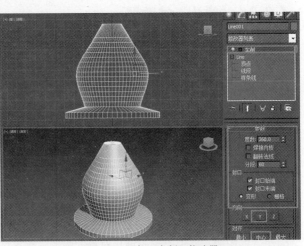

图4-54 添加"车削"修改器

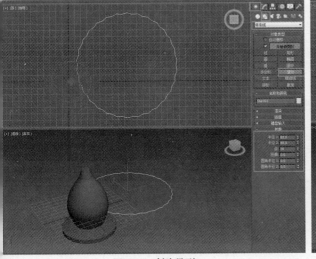

图4-55 创建星形

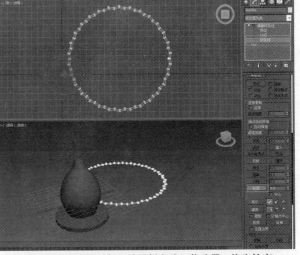

图4-56 为星形添加"编辑样条线"修改器，拖出轮廓

（5）退出"样条线"层级，为星形添加"挤出"修改器，将"参数"卷展栏中的"数量"设置为125，"分段"设置为1，如图4-57所示。

（6）在"修改"命令面板，为星形添加"锥化"修改器，将"参数"卷展栏中的"数量"设置为 -0.35，如图 4-58 所示。

（7）调整两个元素的位置，得到如图 4-59 所示的结果。

4.3.3 "扭曲"修改器

"扭曲"修改器在对象几何体中产生一个旋转效果（类似拧抹布）。使用"扭曲"修改器可以控制任意一个轴向上扭曲的角度，并设置偏移来压缩扭曲相对于轴点的效果，也可以对几何体的一段限制扭曲。"扭曲"修改器参数设置面板如图 4-60 所示，其中重要参数介绍如下。

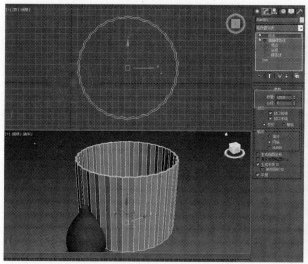
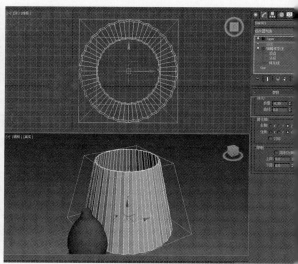

图4-57　为星形添加"挤出"修改器　　　　图4-58　为星形添加"锥化"修改器

图4-59　最终效果　　　　　　图4-60　"扭曲"修改器
参数设置面板

1. 修改器堆栈

（1）Gizmo：可以在此子对象层级上与其他对象一样对 Gizmo 进行变换并设置动画，也可以改变"扭曲"修改器的效果。平移 Gizmo 会将其中心点传送至合适的位置。旋转和缩放会相对于 Gizmo 的中心进行。

（2）中心：可以在子对象层级上平移中心并对其设置动画，改变扭曲 Gizmo 的图形，并由此改变扭曲对象的图形。

2. "参数"卷展栏

（1）扭曲：

角度：扭曲的度数。

偏移：扭曲效果偏上或偏下。

（2）扭曲轴：指定执行扭曲所沿着的轴，这是扭曲 Gizmo 的局部轴，默认设置为"Z"。

（3）限制：

限制效果：对扭曲效果应用限制约束。

上限：设置扭曲效果的上限，默认值为 0。

下限：设置扭曲效果的下限，默认值为 0。

实例 4.7 冰激凌的制作

（1）在"创建"面板中单击"图形"按钮，设置图形类型为"样条线"，单击"星形"按钮，在顶视图中创建一个星形，在"参数"卷展栏中设置"半径 1"为 100，"半径 2"为 80，"点"为12，如图 4-61 所示。

（2）切换到"修改"命令面板，在"修改器列表"中选择"挤出"修改器，在"参数"卷展栏中设置"数量"为 200，"分段"为 12，如图 4-62 所示。

（3）在"修改"命令面板的"修改器列表"中选择"锥化"修改器，在"参数"卷展栏中设置"数量"为 -1，"曲线"为 1.2，如图 4-63 所示。

（4）在"修改"命令面板的"修改器列表"中选择"扭曲"修改器，在"参数"卷展栏中设置"角度"为 50，如图 4-64 所示。

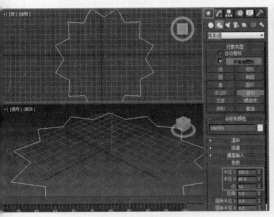

图4-61　创建星形

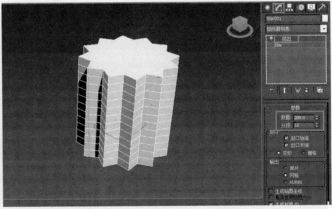

图4-62　为星形添加"挤出"修改器

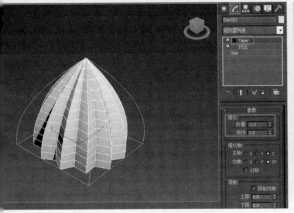

图4-63　为星形添加"锥化"修改器

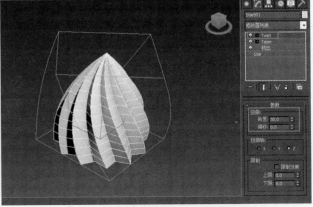

图4-64　为星形添加"扭曲"修改器

（5）在"修改"命令面板的"修改器列表"中选择"弯曲"修改器，在"参数"卷展栏中设置"角度"为 45，如图 4-65 所示。

（6）在"创建"命令面板中单击"几何体"按钮，设置几何体类型为"标准基本体"，单击"圆锥体"按钮，在"参数"卷展栏中设置"半径 1"为 100，"高度"为 –350，"高度分段"为 10，在顶视图中创建一个圆锥，并调整其位置，如图 4-66 所示。

（7）在"修改"命令面板的"修改器列表"中选择"扭曲"修改器，在"参数"卷展栏中设置"角度"为 200，如图 4-67 所示。

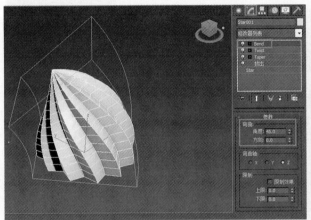

图4-65　为星形添加"弯曲"修改器

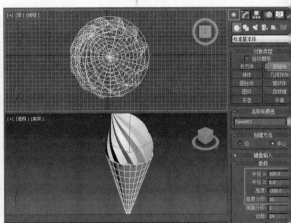

图4-66　创建圆锥并调整位置

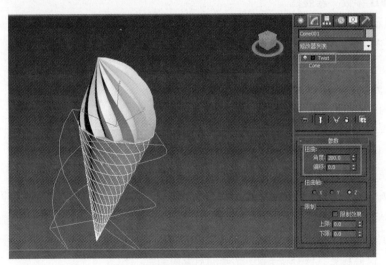

图4-67　为圆锥添加"扭曲"修改器

4.3.4　FFD 修改器

FFD 修改器是一种特殊的晶格变形修改器，它可用于构建类似枕头和雕塑样式的物体。它可以通过少量的控制点来调节物体表面的形态，产生均匀平滑的变形效果。

3ds Max 2015 中 FFD 修改器被分为多种类型，如"FFD 2×2×2""FFD 3×3×3"或"FFD 4×4×4"，"FFD（长方体）"8×8×2 及"FFD（圆柱体）"。虽然它们类型不同，并且作用的对象也有一定的差别，但是其参数的设置大致是一致的。下面以 FFD 4×4×4 为例介绍 FFD 修改器的参数功能及操作方法，FFD 修改器参数设置面板如图 4-68 所示。

1．修改器堆栈

（1）控制点：在此子对象层级，可以选择并操纵晶格的控制点，可以一次处理一个对象或以组为单位处理对象（使用标准方法选择多个对象）。操纵控制点将影响基本对象的形状。修改控制点时如果启用了"自动关键点"按钮，此点将变为动画。

（2）晶格：在此子对象层级，可从几何体中单独地摆放、旋转或缩放晶格框。如果启用了"自动关键点"按钮，此晶格将变为动画。当首先应用FFD 时，默认晶格是一个包围几何体的边界框。移动或缩放晶格时，仅位于体积内的顶点子集合可应用局部变形。

（3）设置体积：在此子对象层级，变形晶格控制点变为绿色，可以选择并操作控制点而不影响修改对象。这使晶格更精确地符合不规则形状对象，变形时更容易控制。

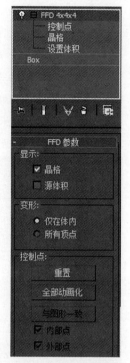

图4-68　FFD修改器参数设置面板

2．"FFD 参数"卷展栏

（1）显示：

晶格：将绘制连接控制点的线条以形成栅格。

源体积：控制点和晶格会以未修改的状态显示。

（2）变形：

仅在体内：只有位于源体积内的顶点会变形。默认设置为启用。

所有顶点：将所有顶点变形，不管它们位于源体积的内部还是外部。

（3）控制点：

重置：使所有控制点返回到它们的原始位置。

全部动画化：将控制器指定给所有控制点，这样它们在"轨迹视图"中立即可见。

与图形一致：在对象中心控制点位置之间沿直线延长线条，将每一个 FFD 控制点移到修改对象的交叉点上，这将增加一个由"偏移"微调器指定的偏移距离。

内部点：仅控制受"与图形一致"影响的对象内部点。

外部点：仅控制受"与图形一致"影响的对象外部点。

实例 4.8　枕头的制作

（1）在"创建"面板中单击"几何体"按钮，设置几何体类型为"扩展基本体"，单击"切角长方体"按钮，在顶视图中创建一个切角长方体，如图 4-69 所示。

（2）切换到"修改"命令面板，设置参数："长度"为 740，"宽度"为 480，"高度"为 150，"圆角"为 10，"长度分段"为 20，"宽度分度"为 20，"圆角分段"为 3，如图 4-70 所示。

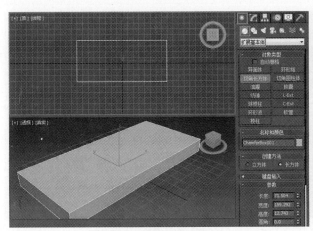

图4-69 创建切角长方体

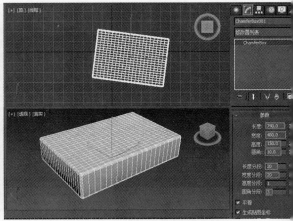

图4-70 调整长方体的参数

（3）选择长方体，切换到"修改"命令面板，在"修改器列表"中选择"FFD 4×4×4"修改器，如图 4-71 所示。

（4）选择"FFD 4×4×4"修改器下的"控制点"层级，在顶视图中选择所有顶点，按 Alt 键减选中间四个点，如图 4-72 所示。

（5）选择"均匀并缩放"工具，在前视图中沿 z 轴下压至四周顶点重合，如图 4-73 所示。

（6）在"修改"命令面板，选择"ChamferBox"，调整枕头高度，使其显得蓬松，如图 4-74 所示。

（7）选择"FFD 4×4×4"修改器下的"控制点"层级，在顶视图中选择侧边中间两点，选择"选择并移动"工具调整枕头边线，如图 4-75 所示。

（8）在"修改"命令面板的"修改器列表"中选择"FFD（长方体）8×8×2"修改器，在"FFD 参数"卷展栏中单击"设置点数"按钮，在打开的"设置 FFD 尺寸"对话框中，设置"长度"为 8，"宽度"为 8，"高度"为 2，如图 4-76 所示。

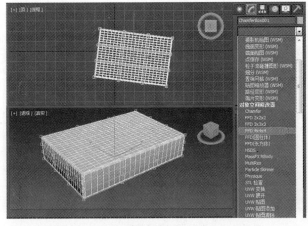

图4-71 为长方体添加"FFD 4×4×4"修改器

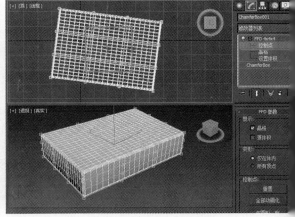

图4-72 调整长方体控制点

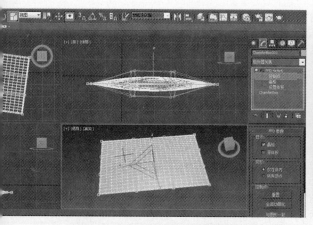

图4-73　对长方体控制点进行缩放

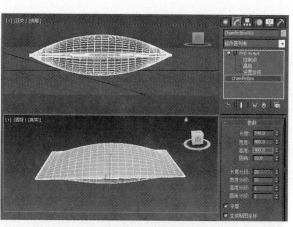

图4-74　调整长方体高度

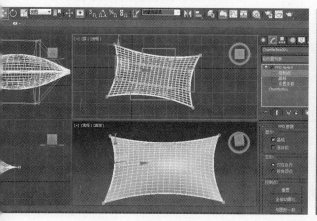

图4-75　调整控制点位置

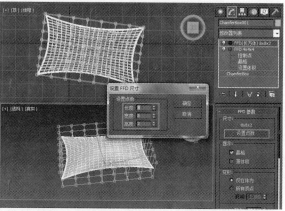

图4-76　添加"FFD（长方体）8×8×2"修改器

（9）选择"FFD（长方体）8×8×2"修改器下的"控制点"层级，选择"选择并移动"工具，任意选择控制点，对枕头的正面、侧边、边角进行变形，如图4-77所示。

（10）最终效果如图4-78所示。

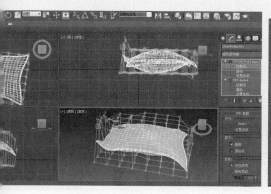

图4-77　调整控制点位置

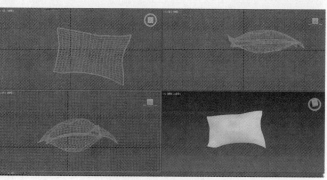

图4-78　最终效果

4.3.5 "噪波"修改器

"噪波"是一个随机修改器，可以沿着三个轴的任意组合调整对象顶点的位置。它是模拟对象形状随机变化的重要动画工具，常用于处理窗帘或山地等随机变化的物体。"噪波"修改器"参数"卷展栏如图4-79所示。

（1）噪波：

种子：从设置的数据中生成一个随机起始点。在创建地形时尤其有用，因为每种设置都可以生成不同的配置。

比例：设置噪波影响（不是强度）的大小。较大的值产生更为平滑的噪波，较小的值产生锯齿现象更严重的噪波。默认值为100。

分形：根据当前设置产生分形效果。默认设置为禁用状态。

粗糙度：决定分形变化的程度。较低的值比较高的值更精细。范围为0~1。默认值为0。

图4-79　"噪波"修改器
"参数"卷展栏

迭代次数：控制分形功能所使用的迭代（或是八度音阶）的数目。

（2）强度：设置噪波在x轴、y轴和z轴上的强度。

（3）动画：

动画噪波：调节"噪波"和"强度"参数的组合效果。

频率与相位：调整基本波形。

实例4.9　窗帘的制作

（1）在"创建"面板中单击"图形"按钮，设置图形类型为"样条线"，单击"线"按钮，在顶视图中创建一条线段，如图4-80所示。

（2）用同样的方法，在前视图中创建一条线段，如图4-81所示。

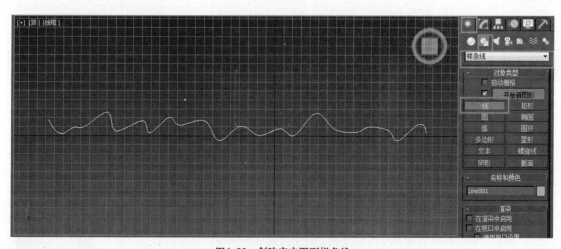

图4-80　创建窗帘图形样条线

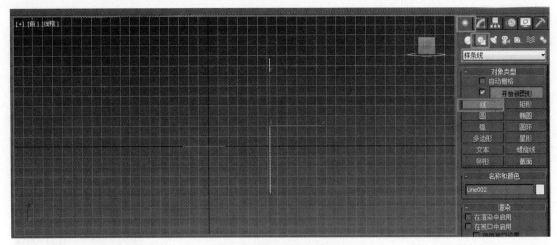

图4-81　创建窗帘路径样条线

　　(3) 选择第二条线段，设置几何体类型为"复合对象"，单击"放样"按钮，在"创建方法"卷展栏中单击"获取图形"按钮，然后再选择第一条线段，完成放样，如图4-82所示。

　　(4) 为其添加"噪波"修改器，在"参数"卷展栏中的"噪波"选项组中设置"比例"为5，"强度"选项组中设置"Y"为11、"Z"为20，如图4-83所示。

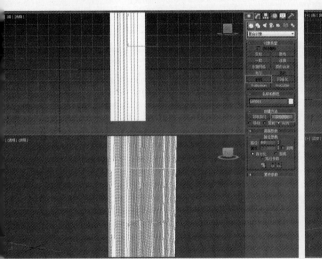

图4-82　对两条线段放样

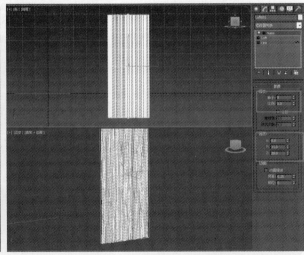

图4-83　添加"噪波"修改器

　　(5) 按F9键进行渲染，效果如图4-84所示，然后在菜单栏中选择"文件"→"保存"命令对场景文件进行保存。

4.3.6　"晶格"修改器

　　"晶格"修改器可以将图形的线段或边转化为圆柱形结构，并在顶点上产生可选的关节多面体。使用它可创建可渲染的几何体结构，或作为获得线框渲染效

图4-84　最终效果

果的另一种方法。"晶格"修改器参数设置面板
如图 4-85 所示。

（1）几何体：

应用于整个对象：将"晶格"应用到对象的
所有边或线段上。

仅来自顶点的节点：仅显示由原始网格顶点
产生的关节（多面体）。

仅来自边的支柱：仅显示由原始网格线段产
生的关节（多面体）。

二者：显示结构和关节。

（2）支柱：

半径：指定结构半径。

分段：指定沿结构的分段数目。

边数：指定结构边界的边数目。

材质 ID：指定用于结构的材质 ID。

忽略隐藏边：仅生成可视边的结构。禁用时，将生成所有边的结构，包括不可见边。默认设置
为启用。

末端封口：将末端封口应用于结构。

平滑：将平滑应用于结构。

（3）节点：

基点面类型：指定用于关节的多面体类型。包括"四面体""八面体"和"二十面体"3 种类型。

半径：设置关节的半径。

分段：指定关节中的分段数目。分段越多，关节形状越像球形。

材质 ID：指定用于关节的材质 ID。

平滑：将平滑应用于关节。

（4）贴图坐标：

无：不指定贴图。

重用现有坐标：将当前贴图指定给对象。

新建：将贴图用于"晶格"修改器。

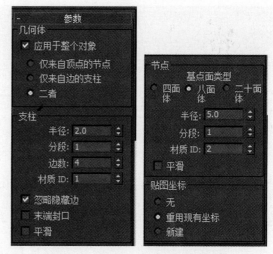

图4-85 "晶格"修改器参数设置面板

实例 4.10 镂空吊灯的制作

（1）在"创建"面板中单击"图形"按钮，设置图形类型为"样条线"，单击"线"按钮，在
前视图中创建一条线段，如图 4-86 所示。

（2）切换至"层次"命令面板，单击"轴"按钮，在"调整轴"卷展栏中单击"仅影响轴"按钮，
调整轴的位置，如图 4-87 所示。

（3）切换到"修改"命令面板，为线段添加"车削"修改器，在"参数"卷展栏中设置"分段"
为 60，"方向"为"Y"，"对齐"为"中心"，如图 4-88 所示。

（4）为整个图形添加"壳"修改器，完成灯泡上半部分制作，如图 4-89 所示。

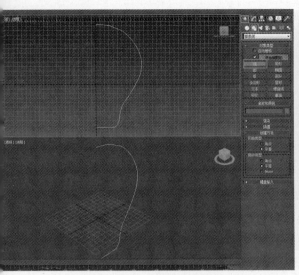

图4-86 创建灯泡轮廓样条线

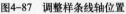

图4-87 调整样条线轴位置

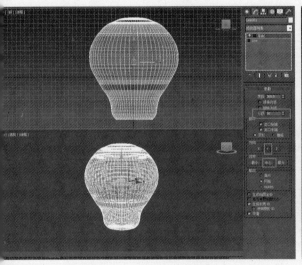

图4-88 添加"车削"修改器

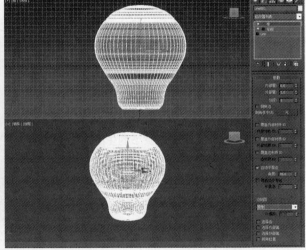

图4-89 添加"壳"修改器

（5）在"创建"面板中单击"图形"按钮，设置图形类型为"样条线"，单击"螺旋线"按钮，在前视图中创建一条"半径1"和"半径2"为43、"高度"为100、"圈数"为7的螺旋线，如图4-90所示。

（6）切换到"修改"命令面板，为螺旋线添加"挤出"修改器，在"参数"卷展栏中将"数量"设置为14.285，如图4-91所示。

（7）在"修改"命令面板，为螺旋线添加"编辑多边形"修改器，选择"顶点"层级，选择所有顶点，在"编辑顶点"卷展栏中单击"焊接"按钮，对相邻两个顶点进行焊接，如图4-92所示。

（8）选择"元素"层级，在"编辑几何体"卷展栏中单击"切片平面"按钮，勾选"分割"复选框，拖动切片平面，单击"切片"按钮，进行切割。拖出两个切片平面，如图4-93所示。

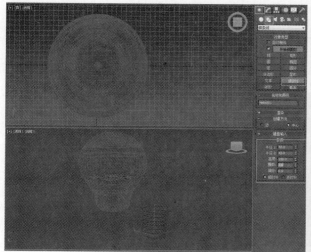

图4-90 创建螺旋线

图4-91 为螺旋线添加"挤出"修改器

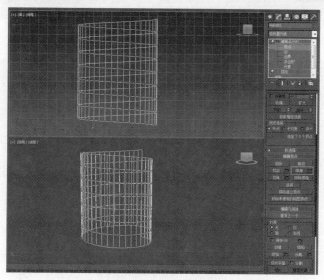

图4-92 为螺旋线添加"编辑多边形"修改器

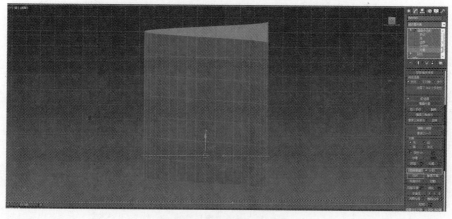

图4-93 对整个元素进行切片

（9）选择"元素"层级，删除上下两个部分，得到如图4-94所示的结果。

（10）选择"边界"层级，选择最下面的边，选择"选择并移动"工具，向下拖曳，得到如图4-95所示的结果。

（11）按T键切换到顶视图，应用缩放工具，对顶点进行缩放，如图4-96所示。

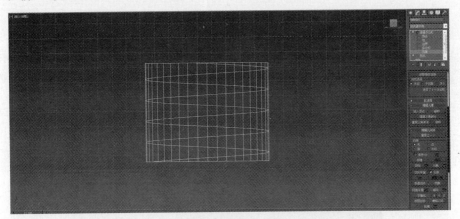

图4-94 删除上下元素

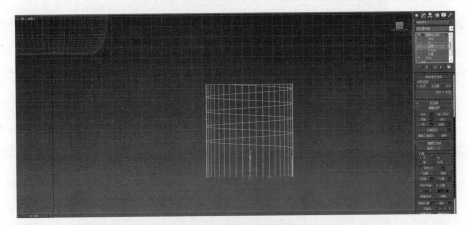

图4-95 调整底部边的位置

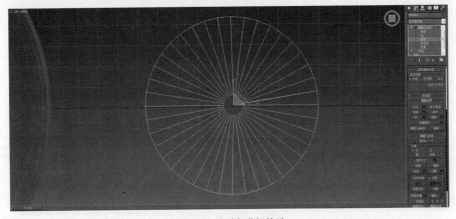

图4-96 对顶点进行缩放

（12）选择"边界"层级，选择最上面的边，对其进行缩放，得到如图4-97所示的结果。

（13）选择"边"层级，选择中间垂直的线，单击"编辑边"卷展栏中的"连接"按钮，得到如图4-98所示的结果。

（14）选择所有连接的线段，选择缩放工具对其进行缩放，如图4-99所示。

（15）退出"边"层级，为其添加"网格平滑"修改器，如图4-100所示。

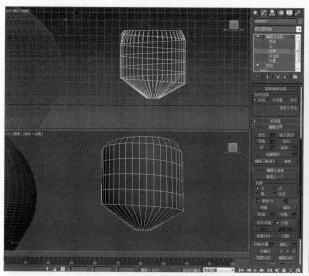

图4-97　对最上面的边进行缩放

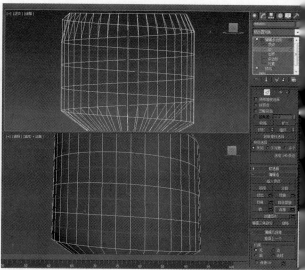

图4-98　把边连接起来

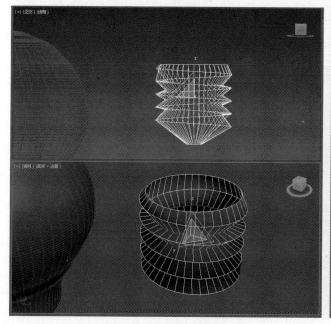

图4-99　对连接线进行缩放

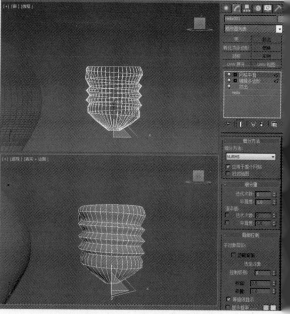

图4-100　添加"网格平滑"修改器

（16）调整两个元素的位置，如图4-101所示。

（17）在"创建"面板中单击"几何体"按钮，设置几何体类型为"扩展基本体"，单击"切角圆柱体"按钮，在顶视图中创建一个"半径"为250、"高度"为30、"圆角"为8、"边数"为30的切角圆柱体，如图4-102所示。

（18）在"创建"面板中单击"图形"按钮，设置图形类型为"样条线"，单击"线"按钮，在前视图中创建一条线段，如图4-103所示。

（19）选择创建的线段，切换到"修改"命令面板，在"渲染"卷展栏中勾选"在渲染中启用"和"在视口中启用"复选框，并将"径向"的"厚度"设置为10，如图4-104所示。

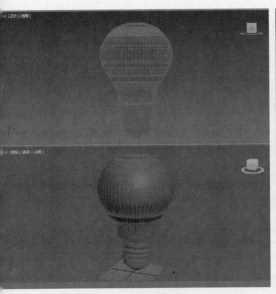

图4-101　调整元素位置

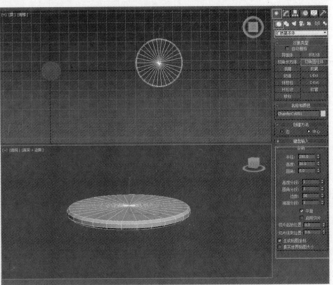

图4-102　添加切角圆柱体

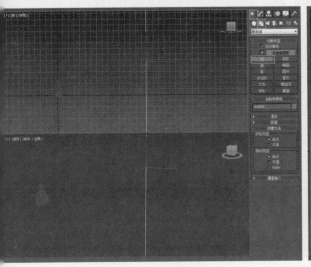

图4-103　创建样条线

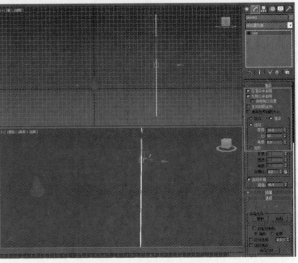

图4-104　对样条线进行渲染

（20）调整三个元素的位置，如图4-105所示。

（21）在"创建"面板中单击"几何体"按钮，设置几何体类型为"标准基本体"，单击"几何球体"按钮，在顶视图中创建一个"半径"为950的几何球体，如图4-106所示。

（22）切换到"修改"命令面板，为几何球体添加"晶格"修改器，在"参数"卷展栏中选择"仅来自边的支柱"单选按钮，在"支柱"选项组中设置"半径"为10，"边数"为8，并勾选"末端封口"和"平滑"复选框，得到如图4-107所示的结果。

（23）调整元素位置，如图4-108所示。

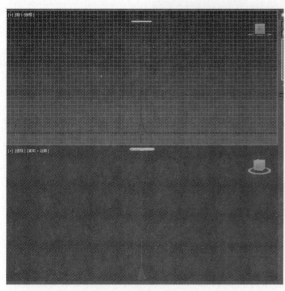

图4-105　调整元素位置

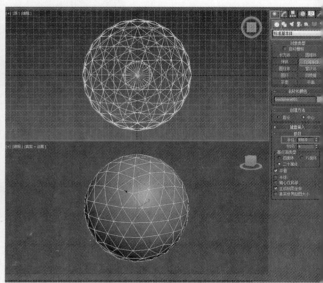

图4-106　创建几何球体

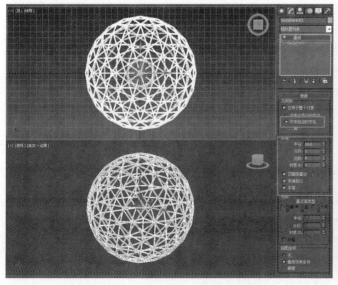

图4-107　为几何球体添加"晶格"修改器

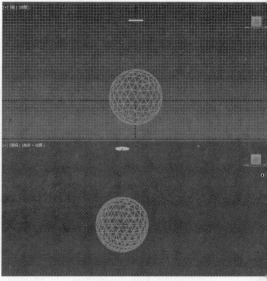

图4-108　调整元素位置

（24）按F9键，进行渲染，效果如图4-109所示，然后在菜单栏中选择"文件"→"保存"命令对场景文件进行保存。

图4-109　最终效果

4.4　修改器建模综合训练

了解各种修改器后，如何将各个修改器综合应用，完成较复杂的模型制作任务呢？这就需要进行修改器建模的综合训练。下面以塑料凳模型的制作为例，讲解一个合理应用多个修改器共同协作完成的综合建模实例。

实例4.11　塑料凳的制作

（1）在"创建"面板中单击"几何体"按钮，设置几何体类型为"标准基本体"，单击"长方体"按钮，在顶视图中创建一个"长度"为100，"宽度"为100，"高度"为170，"长度分段""宽度分段"和"高度分段"都为5的长方体，如图4-110所示。

（2）切换到"修改"命令面板，为长方体添加"编辑多边形"修改器，选择"顶点"层级，选择顶部四个角的4个顶点，在"编辑顶点"卷展栏中单击"切角"按钮后的"设置"按钮，在弹出的"切角"对话框中设置"切角量"为18，单击"对号"按钮，如图4-111所示。

（3）切换到前视图，调整顶点位置，如图4-112所示。

（4）选择"边"层级，选择长方体顶部四条边，在"编辑边"卷展栏中单击"切角"按钮后的"设置"按钮，在弹出的"切角"对话框中设置"切角量"为4，单击"对号"按钮，如图4-113所示。

（5）选择"多边形"层级，选择长方体顶部四个顶点切角面，在"编辑多边形"卷展栏中单击"插入"按钮后的"设置"按钮，在弹出的"插入"对话框中设置"插入量"为2，单击"对号"按钮，如图4-114所示。

（6）选择"边"层级，分别在四个面选择图4-115所示的边。

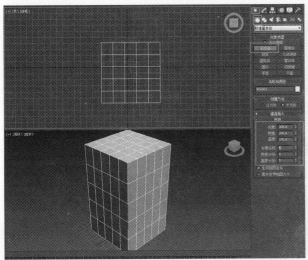

图4-110　创建长方体

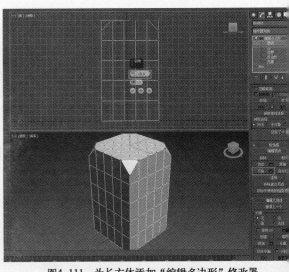

图4-111　为长方体添加"编辑多边形"修改器

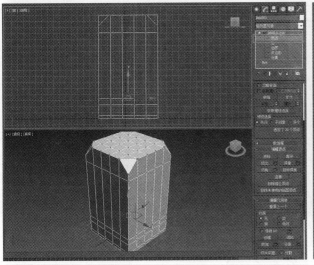

图4-112　调整顶点位置

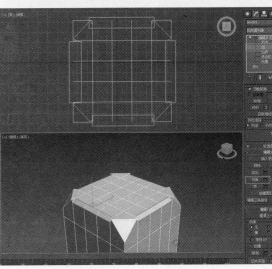

图4-113　为边添加切角

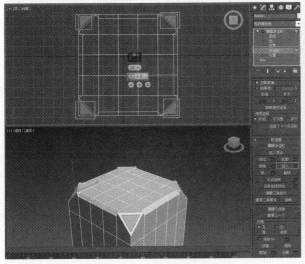

图4-114　为切角面插入面

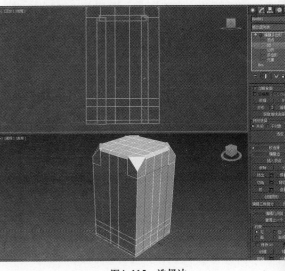

图4-115　选择边

（7）单击"编辑边"卷展栏中"切角"按钮后的"设置"按钮，在弹出的"切角"对话框中设置"切角量"为1，单击"对号"按钮，如图4-116所示。

（8）选择"顶点"层级，分别在四个面选择图4-117所示的相邻的两个点，在"编辑顶点"卷展栏中单击"目标焊接"按钮，对每个面的两对相邻点进行焊接，如图4-117所示。

（9）选择"多边形"层级，分别在4个面选择图4-118所示的面。

（10）在"编辑多边形"卷展栏中单击"倒角"按钮后的"设置"按钮，在弹出的"倒角"对话框中设置"高度"为1，"轮廓量"为0，单击"对号"按钮。再次单击"倒角"按钮后的"设置"按钮，在弹出的"倒角"对话框中设置"高度"为0.55，"轮廓量"为-0.41，单击"对号"按钮。如图4-119所示。

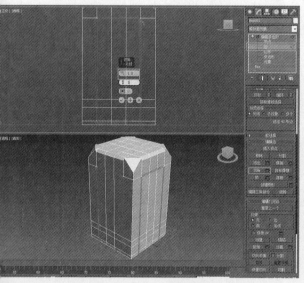

图4-116 为所选边添加切角

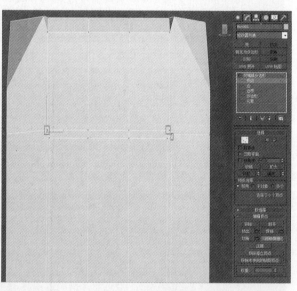

图4-117 焊接相邻顶点

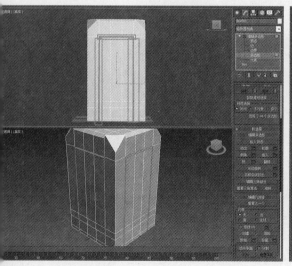

图4-118 选择面

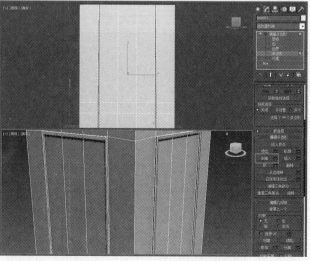

图4-119 为所选面添加轮廓和倒角

（11）选择"边"层级，分别选择四个棱上的边，单击"编辑边"卷展栏中"切角"按钮后的"设置"按钮，在弹出的"切角"对话框中设置"切角量"为4，单击"对号"按钮，如图4-120所示。

（12）选择"多边形"层级，分别在长方体底部的四个角上选择图4-121所示的面。

（13）在"编辑多边形"卷展栏中单击"挤出"按钮后的"设置"按钮，在弹出的"挤出多边形"对话框中设置"高度"为2，单击"对号"按钮，如图4-122所示。

（14）分别在长方体底部的四个角选择八组如图4-123所示的面，然后将其删除。

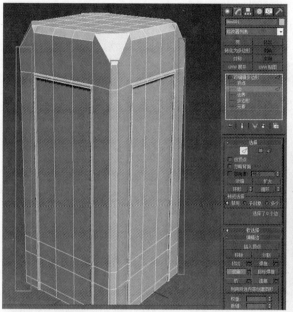

图4-120　选择棱上的边，为其添加切角

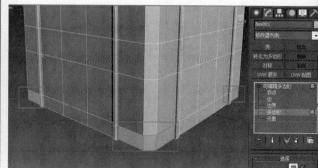

图4-121　选择四个角上的面

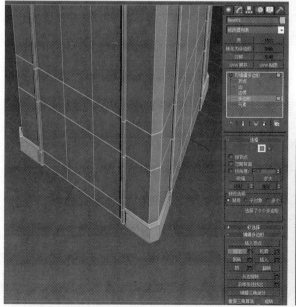

图4-122　为所选面添加挤出

图4-123　删除底部八组面

（15）选择"顶点"层级，在上一步骤位置处，单击"编辑顶点"卷展栏中的"目标焊接"按钮，对每个位置的两对顶点进行焊接，如图4-124所示。

（16）选择"多边形"层级，选择长方体顶部的面，如图4-125所示。在"编辑多边形"卷展栏中单击"插入"按钮后的"设置"按钮，在弹出的"插入"对话框中设置"插入量"为3，单击"对号"按钮。

（17）删除新插入的面。

（18）选择"边"层级，选择如图4-126所示的边。

（19）在"编辑边"卷展栏中单击"切角"按钮后的"设置"按钮，在弹出的"切角"对话框中设置"切角量"为1.5，单击"对号"按钮，如图4-127所示。

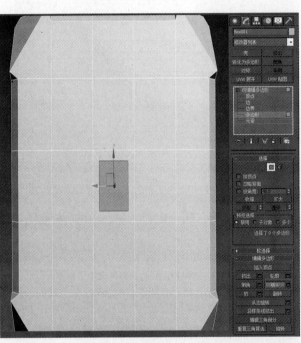

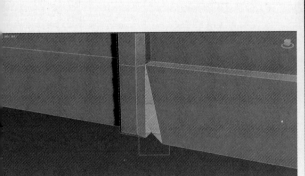

图4-124　焊接缺口顶点

图4-125　为顶部面插入一个面

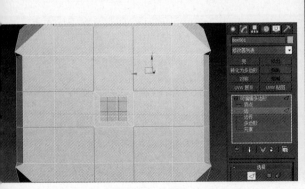

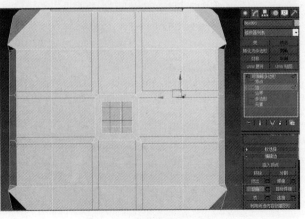

图4-126　选择边

图4-127　为所选边添加切角

（20）选择"多边形"层级，选择如图4-128所示的面。在"编辑多边形"卷展栏中单击"倒角"按钮后的"设置"按钮，在弹出的"倒角"对话框中设置"高度"为–1，"轮廓量"为0，单击"对号"按钮。再次单击"倒角"按钮后的"设置"按钮，在弹出的"倒角"对话框中设置"高度"为–0.56，"轮廓量"为–0.58，单击"对号"按钮。

（21）选择"边界"层级，选择长方体顶部的边界，如图4-129所示，在前视图中，配合Shift键沿着y轴向下复制三个段面。

（22）选择"多边形"层级，分别在四个面选择图4-130所示的面和长方体底部的面，并将其删除。

（23）选择"顶点"层级，分别调整四个面如图4-131所示顶点的位置。

（24）退出"顶点"层级，在"修改"命令面板，为整个图形添加"锥化"修改器，在"参数"卷展栏中设置"数量"为–0.3，如图4-132所示。

（25）在"修改"命令面板，为整个图形添加"壳"修改器，在"参数"卷展栏中设置"内部量"为0.5。

（26）在"修改"命令面板，为整个图形添加"涡轮平滑"修改器，在"涡轮平滑"卷展栏中设置"迭代次数"为2，如图4-133所示。

（27）按F9键进行渲染，效果如图4-134所示，然后在菜单栏中选择"文件"→"保存"命令对场景文件进行保存。

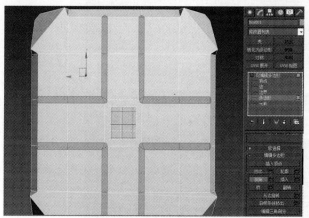

图4-128 为所选面添加倒角

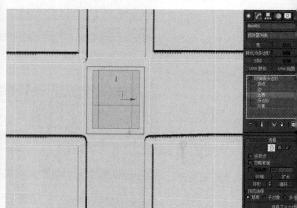

图4-129 为所选边复制段面

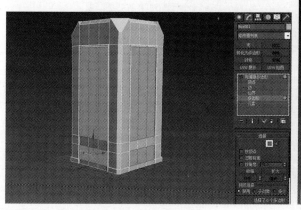

图4-130 将所选面删除

图4-131 调整四个面顶点位置

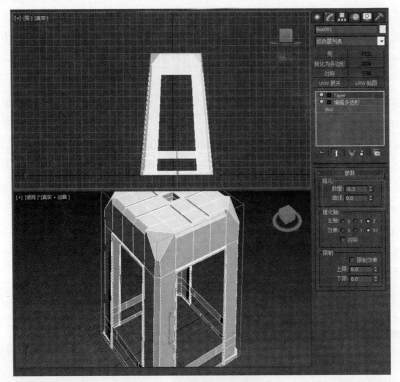

图4-132 添加"锥化"修改器

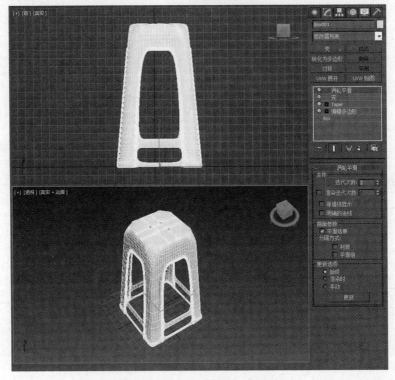

图4-133 添加"涡轮平滑"修改器

图4-134 最终效果

练习题

1. 利用本章所学知识，制作铁艺花架模型，如图 4-135 所示。

2. 利用本章所学知识，制作台灯模型，如图 4-136 所示。

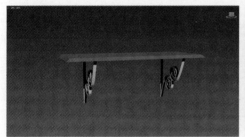

图4-135 铁艺花架

图4-136 台灯

第5章 复合几何体建模

复合建模方法又称组合建模，可以简单地理解为多个模型对象互相运算的总称，就是将多个简单对象组合成一个新的对象的建模过程。在 3ds Max 2015 中，复合建模是对标准基本体建模、扩展基本体建模、二维建模的一种补充与扩展。通过对复合建模知识的学习，可以掌握更加灵活便捷的建模方式，提高建模效率。

5.1 复合建模综述

在 3ds Max 2015 中，"复合对象"面板位于"创建"命令面板的子面板"几何体"面板中。设置几何体类型为"复合对象"，可显示复合建模的命令面板，其中包括 12 种不同的复合建模命令，如图 5-1 所示。本章主要讲述最重要的两个复合建模命令：放样建模和布尔建模。

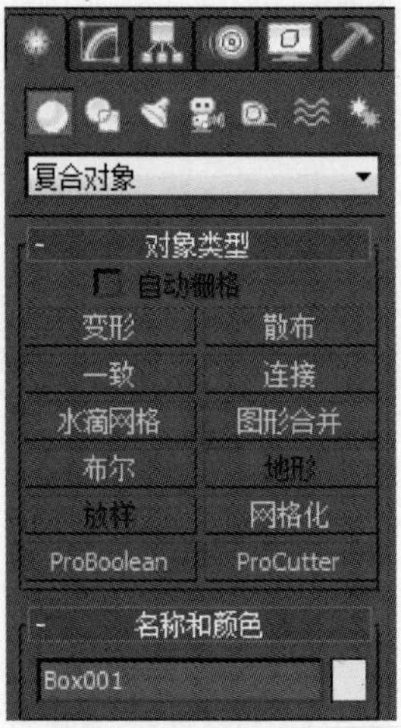

图5-1 "复合对象"面板

5.2 放样建模技法

放样建模是应用最广泛的一种复合建模方法，简单地说就是将一个截面图形沿着路径放样，而形成复杂的三维对象，同一路径上可在不同的段给予不同的形体。放样物体修改操作方便灵活，可以灵活设置其表面参数、路径参数和外表参数，还可以结合多种变形命令完成更加复杂的编辑操作，能够大大提高工作效率。

5.2.1 认识放样工具

放样建模的两个要素：路径与截面图形。放样中的路径只能有一个，是截面图形的方向指引或总体框架。而截面图形可以是一个，也可以是多个。"放样"参数设置面板如图5-2所示。

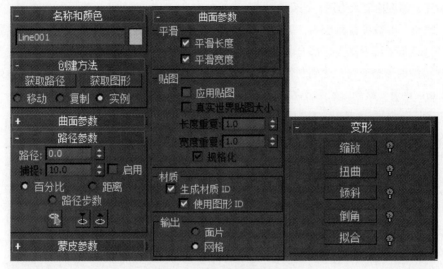

图5-2 "放样"参数设置面板

1．创建方法

（1）获取路径：将路径指定给当前选定的截面图形。

（2）获取图形：先选择截面图形，然后将路径指定给当前所选择的图形。

（3）"移动""复制""实例"则是用于指定路径或图形转化为放样对象的方式。

2．曲面参数

（1）平滑长度：指沿着路径长度与路径方向平滑曲面。

（2）平滑宽度：指沿着横截面图形的边界平滑曲面。

简单来讲就是，"平滑长度"针对路径平滑，而"平滑宽度"针对截面图形平滑，这两种平滑工具在创建外形复杂的模型时都很有用处，可以给予模型良好的外部形态。

3．路径参数

（1）路径：可以手动输入或通过拖动微调器来设置路径参数，在该位置拾取相应的二维线形作为截面图形。

（2）百分比：指将路径级别表示为路径长度的百分比数值。

（3）距离：指将路径级别表示为路径第一个定点的绝对距离。

（4）路径步数：指将图形置于路径步数和顶点上。

4．变形

"变形"可以在一定程度上丰富模型的细节，可以使模型在原有"放样"命令基础上样式丰富且富有变化。在 3ds Max 2015 中，"放样"参数设置面板的"变形"卷展栏中共有五种基本的变形操作命令，分别是"缩放""扭曲""倾斜""倒角"和"拟合"。

（1）"缩放"可以使截面在 x 轴、y 轴上产生缩放变形，从而改变模型结构。下面介绍"缩放"命令的基本操作方法。

①在前视图中创建一条弧线作为香蕉的路径，建立一个六边形做截面，如图 5-3 所示。选中香蕉路径曲线，设置几何体类型为"复合对象"，单击"放样"按钮，在"创建方法"卷展栏中单击"获取图形"按钮，然后拾取六边形，如图 5-4 所示。

②在"放样"参数设置面板中，单击"变形"卷展栏中的"缩放"按钮，打开"缩放变形"对话框。在该对话框中可根据实际情况增加或减少角点，如图 5-5 所示。移动调节角点的位置，同时观察被缩放模型的形态变化，达到制作香蕉尾部和香蕉头部的效果，注意要得到平滑曲线效果需要选择"Bezier- 平滑"命令，如图 5-6 所示。

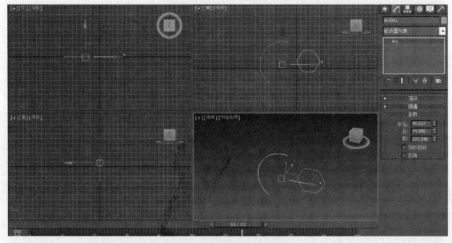

图5-3　香蕉路径及截面图形

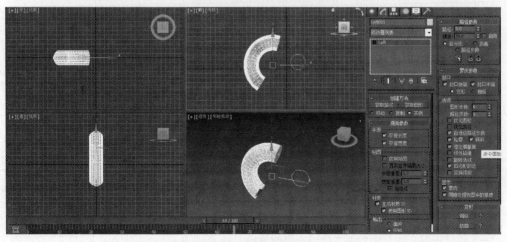

图5-4　拾取截面图形

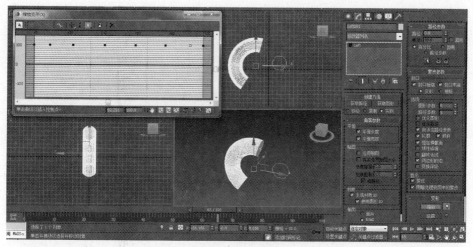

图5-5 增减角点

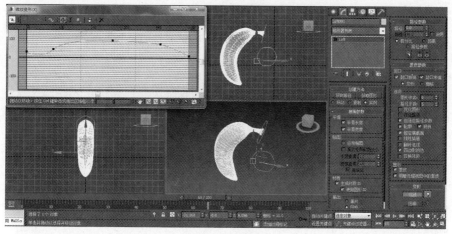

图5-6 调整角点

（2）"扭曲"是通过控制截面相对路径的旋转程度，使放样对象产生扭曲变形，如图 5-7 和图 5-8 所示。

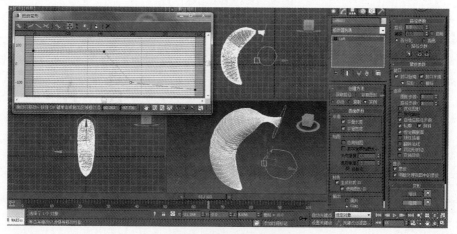

图5-7 截面路径扭曲调整

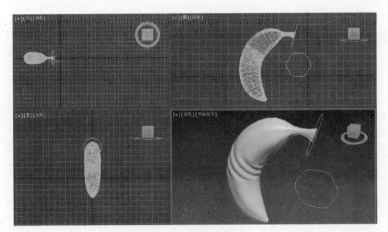

图5-8　扭曲变形效果

（3）"倾斜"可以通过修改放样截面围绕垂直于路径的 x 轴、y 轴旋转，使放样对象发生倾斜变形，如图 5-9 所示。

（4）"倒角"使放样对象产生倒角变形，一般应用于被放样物体的首尾部分，如图 5-10 所示。

图5-9　修改放样截面x轴、y轴

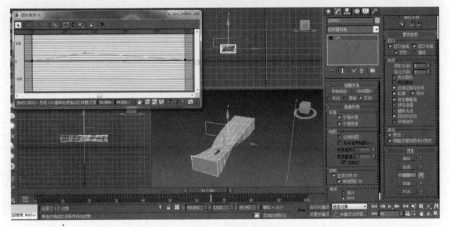

图5-10　倒角变形

（5）"拟合"是指可以通过三视图的拟合放样出物体，简单地说，只要给出物体的顶视图、左视图、前视图，就可以利用此命令创造出想要的物体。

实例5.1 牙膏的制作

（1）在"创建"面板中单击"图形"按钮，设置几何体类型为"样条线"，单击"星形"按钮，在前视图中创建一个"半径1"为22、"半径2"为21.5、"点"为41、"圆角半径1"和"圆角半径2"都为0.2的星形，如图5-11所示。

（2）在"创建"面板中单击"图形"按钮，设置图形类型为"样条线"，单击"线"按钮，在前视图中创建一条线段，作为放样的路径，如图5-12所示。

（3）选择线段，在"创建"面板中单击"几何体"按钮，设置几何体类型为"复合对象"，单击"放样"按钮，在"创建方法"卷展栏中单击"获取图形"按钮，然后再选择星形，完成放样，如图5-13所示。

（4）切换到"修改"命令面板，在"变形"卷展栏中单击"缩放"按钮，弹出"缩放变形"对话框，调整角点位置，得到如图5-14所示结果。

（5）在"创建"面板中单击"图形"按钮，设置图形类型为"样条线"，单击"圆"按钮，在前视图中创建一个"半径"为40的圆形，如图5-15所示。

（6）在"创建"面板中单击"图形"按钮，设置图形类型为"样条线"，单击"线"按钮，在前视图中创建另一条线段，作为牙膏主体的放样路径，如图5-16所示。

（7）选择第二条线段，在"创建"面板中单击"几何体"按钮，设置几何体类型为"复合对象"，单击"放样"按钮，在"创建方法"卷展栏中单击"获取图形"按钮，然后在场景中拾取圆形，如图5-17所示。

（8）切换到"修改"命令面板，在"变形"卷展栏中单击"缩放"按钮，弹出"缩放变形"对话框，添加角点并调整角点位置，得到如图5-18所示的结果。

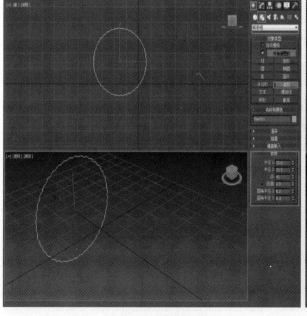

图5-11 创建截面

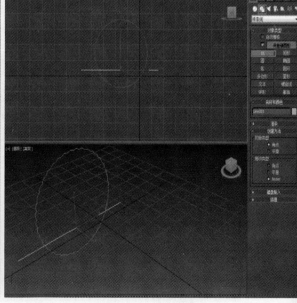

图5-12 创建放样路径

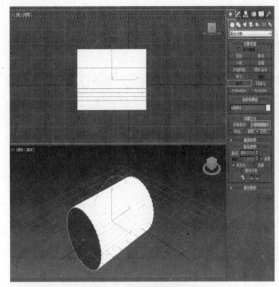

图5-13　拾取截面图形

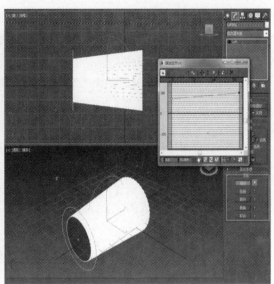

图5-14　变形缩放

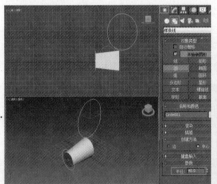

图5-15　创建膏体截面

图5-16　创建膏体拾取路径

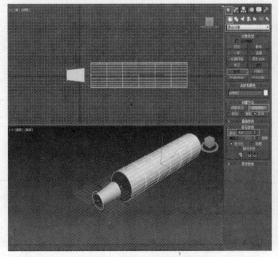

图5-17　拾取牙膏截面图形

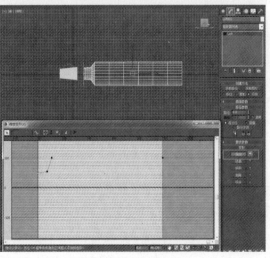

图5-18　变形缩放

（9）在"缩放变形"对话框中单击"均衡"按钮，解开绑定。然后单击"显示Y轴"按钮，调整角点的位置，来改变牙膏尾部的形状，如图5-19所示。

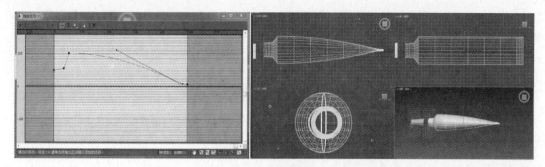

图5-19 调整角点

（10）调整两个图形的位置，最终得到图5-20所示的结果。

实例5.2 螺丝刀的制作

（1）在"创建"面板中单击"图形"按钮，设置图形类型为"样条线"，单击"圆"按钮，在前视图中创建一个"半径"为10的圆形，作为放样的图形，如图5-21所示。

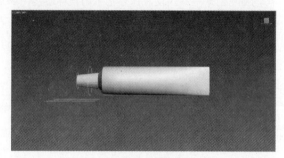

图5-20 最终效果

（2）在"创建"面板中单击"图形"按钮，设置图形类型为"样条线"，单击"线"按钮，在前视图中创建一条线段，作为放样的路径，如图5-22所示。

（3）选择刚刚创建的线段，在"创建"面板中单击"几何体"按钮，设置几何体类型为"复合对象"，单击"放样"按钮，单击"创建方法"卷展栏中的"获取图形"按钮，然后再选择圆形，完成放样，如图5-23所示。

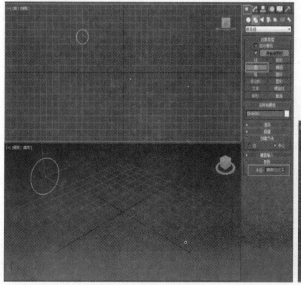

图5-21 创建放样图形

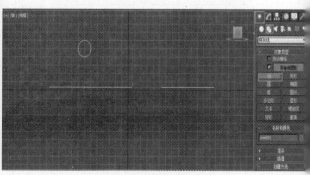

图5-22 创建放样路径

（4）切换到"修改"命令面板，在"变形"卷展栏中单击"缩放"按钮，弹出"缩放变形"对话框，单击"插入角点"按钮，添加两个角点并调整角点位置，如图5-24所示。

（5）在"缩放变形"对话框中单击"均衡"按钮，解开绑定。然后单击"显示Y轴"按钮，调整角点的位置，得到如图5-25所示的结果。

（6）在"创建"面板中单击"图形"按钮，设置图形类型为"样条线"，单击"圆"按钮，在前视图中创建一个"半径"为50的圆形，作为把手的放样图形，如图5-26所示。

（7）在"创建"面板中单击"图形"按钮，设置图形类型为"样条线"，单击"星形"按钮，在前视图中创建一个"半径1"为64、"半径2"为53、"点"为6、"圆角半径1"和"圆角半径2"都为10的星形，作为把手的另一个放样图形，如图5-27所示。

（8）在"创建"面板中单击"图形"按钮，设置图形类型为"样条线"，单击"线"按钮，在前视图中创建一条线段，作为把手的放样路径，如图5-28所示。

（9）选择第二条线段，在"创建"面板中单击"几何体"按钮，设置几何体类型为"复合对象"，单击"放样"按钮，单击"创建方法"卷展栏中的"获取图形"按钮，然后在场景中拾取放样图形为第二个圆形，如图5-29所示。

（10）在"路径参数"卷展栏中设置"路径"为50，单击"创建方法"卷展栏中的"获取图形"按钮，然后在场景中拾取放样图形为星形，如图5-30所示。

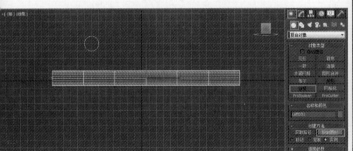

图5-23 拾取截面图形

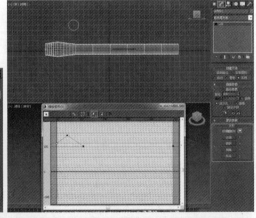

图5-24 插入角点

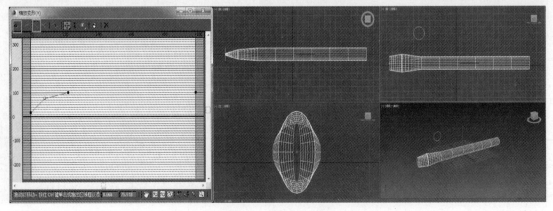

图5-25 调整角点位置

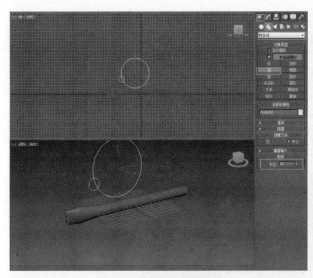

图5-26　创建圆形放样图形

图5-27　创建星形放样图形

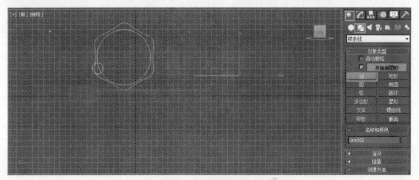

图5-28　创建放样路径

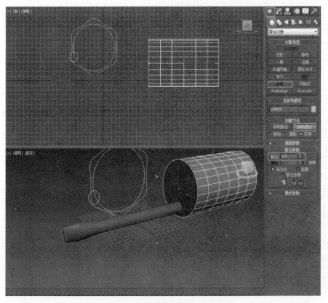

图5-29　拾取圆形放样图形

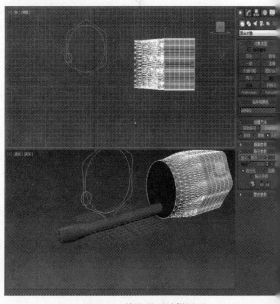

图5-30　拾取星形放样图形

（11）切换到"修改"命令面板，在"变形"卷展栏中单击"缩放"按钮，弹出"缩放变形"对话框，添加角点并调整角点位置，得到如图5-31所示的结果。

（12）调整两个图形的位置，最终得到图5-32所示的结果。

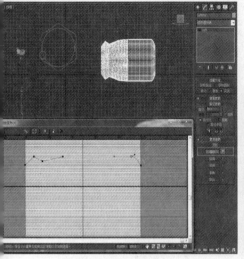

图5-31　添加角点并调整触点位置

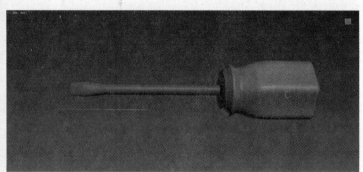

图5-32　最终效果

5.3　布尔建模技法

布尔运算是一种数学算法，布尔对象是根据几何体的空间位置结合两个三维对象形成的对象。每个参与结合的对象称为运算对象。

5.3.1　认识布尔运算工具

通常参与运算的两个布尔对象应该有相交的部分。有效的运算操作包括：生成代表两个几何体总体的对象；布尔运算工具可以在两个物体之间进行交集、差集或联合运算，使之形成一个新的模型形态。在 3ds Max 2015 中布尔运算可以对生成的物体进行多次运算，形成多种多样的切割效果。在复合建模命令中还有一个 Pro Boolean 命令，该命令及其操作使用方法与布尔运算一致。一般布尔运算适用于简单运算，Pro Boolean 则是一种高级运算，是布尔运算的升级版本。一般布尔运算生成的面较简单，占用计算机内存少，但是遇到稍复杂的图形，如乱点多、对象有重叠面等就容易出错。而用 Pro Boolean 则不会出现破面的现象，Pro Boolean 生成的面会更细，占用内存更多。所以，简单的运算如基本体一般可用布尔运算，复杂的如多边形建模更适合运用 Pro Boolean 进行运算操作。"布尔"参数设置面板如图 5-33 所示。

1．拾取布尔

拾取操作对象 B：单击该按钮，在场景中选择另一个物体完成布尔运算。其下的 4 个单选按钮用来控制运算对象 B 的属性，需要在拾取运算对象 B 之前选择。

（1）参考：将原始对象的参考复制品作为运算对象 B，以后改变原始对象，也会同时改变运算对象 B，但改变运算对象 B，不会改变原始对象。

（2）复制：将原始对象复制一个作为运算对象 B，而不改变原始对象。当原始对象还要二次操作时可以选用该方式。

（3）移动：将原始对象直接作为运算对象 B，它本身将不再存在。当原始对象无其他用途时选用该方式。该方式为默认方式。

（4）实例：将原始对象的关联复制品作为运算对象 B，以后对两者中任意一个进行修改都会同时

图5-33 "布尔"参数设置面板

影响另一个。例如，创建一个长方体和球体，在进行布尔运算之前选择"实例"单选按钮控制运算对象 B 的属性，如图 5-34 所示。同时，选择操作方式为"差集（A-B）"对物体进行布尔运算，使长方体减去球体，得到结果如图 5-35 所示。接着修改球体的半径使之变小，从操作中可以发现，被长方体减去的球体体积也同时变小，如图 5-36 所示。这就是"实例"单选按钮发生的作用，使原始对象及其关联复制品之间产生了关联效应，对两者任意一个进行修改，那么另一个会同时发生改变。

2．操作

布尔运算的方式有 5 种，分别为并集、交集、差集（A-B）、差集（B-A）和切割。

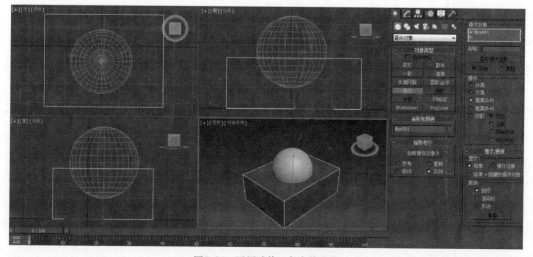

图5-34 运用球体、长方体建模

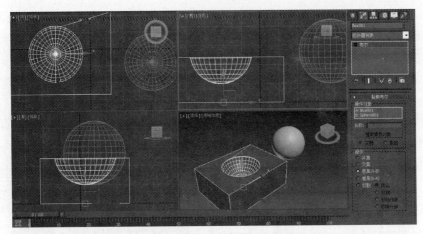

图5-35 "差集（A-B）"布尔运算

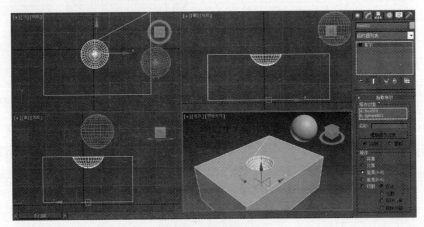

图5-36 修改球体半径

（1）并集：用来将两个物体合并，其相交的部分将被删除，运算完成后两个物体将成为一个物体，如图 5-37 所示。

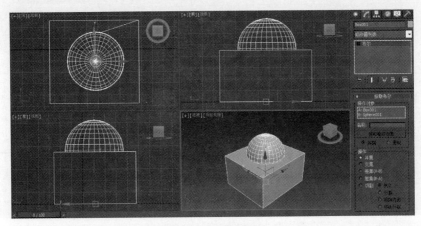

图5-37 "并集"操作

（2）交集：用来将两个物体相交的部分保留下来，删除不相交的部分，如图5-38所示。

（3）差集（A-B）：在A物体中减去与B物体重合的部分，如图5-39所示。

（4）差集（B-A）：在B物体中减去与A物体重合的部分，如图5-40所示。

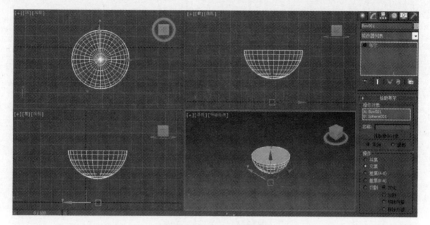

图5-38 "交集"操作

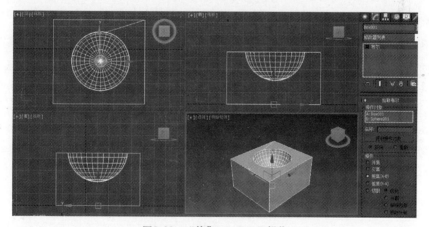

图5-39 "差集（A-B）"操作

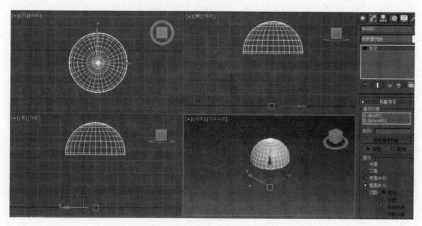

图5-40 "差集（B-A）"操作

（5）切割：用 B 物体切割 A 物体，但不在 A 物体上添加 B 物体的任何部分，如图 5-41 所示。

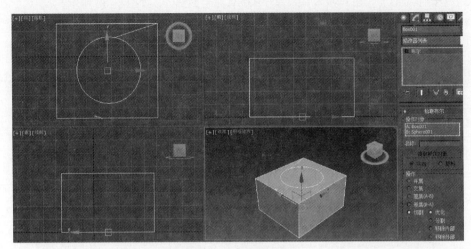

图5-41　"切割"操作

实例 5.3　烟灰缸的制作

（1）在"创建"面板中单击"图形"按钮，设置图形类型为"样条线"，单击"线"按钮，在前视图中绘制如图 5-42 所示的样条线。

（2）选择刚刚绘制的样条线，切换到"修改"命令面板，选择"顶点"层级，选中样条线最上面两个顶点并使用"圆角"命令使其圆滑，如图 5-43 所示。

（3）在"几何体"卷展栏中单击"切角"按钮，调整样条线右下角顶点，如图 5-44 所示。

（4）切换至"修改"命令面板，在"修改器列表"中选择"车削"修改器，在"参数"卷展栏中设置"方向"为"Y"，"对齐"为"最小"，"分段"为 32，勾选"焊接内核"复选框，如图 5-45 所示。

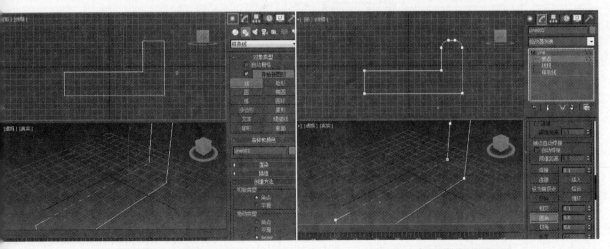

图5-42　调整截面右下角顶点　　　　　　　　图5-43　创建烟灰缸截面图形

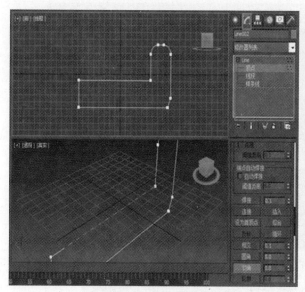

图5-44 调整上部顶点

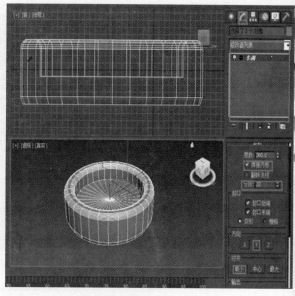

图5-45 添加"车削"修改器

（5）在"创建"面板中单击"几何体"按钮，设置几何体类型为"标准基本体"，单击"圆柱体"按钮，在左视图中创建一个圆柱体，如图5-46所示。

（6）选择"选择并移动"工具，调整圆柱位置、圆柱底部到烟灰缸的中心位置、圆柱与烟灰缸外边的相对位置，如图5-47所示。

（7）右击"角度捕捉切换"按钮，打开"栅格和捕捉设置"对话框，在"选项"选项卡中，调整"角度"为120度（三个圆柱匀称分布在360°中），如图5-48所示。

（8）选择圆柱体，切换至"层次"命令面板，单击"仅影响轴"按钮，在顶视图中调整轴心，调整完成后再次单击"仅影响轴"按钮，如图5-49所示。

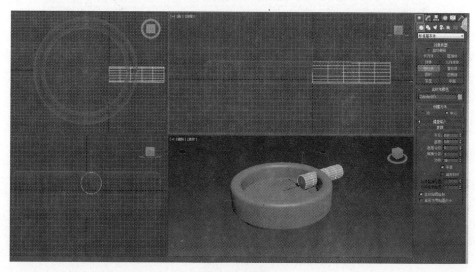

图5-46 创建圆柱

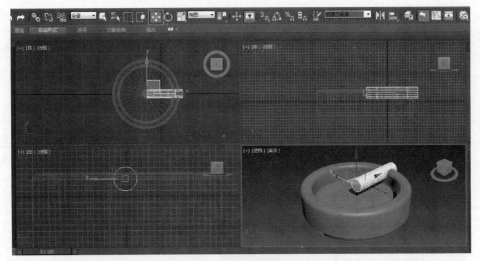

图5-47 调整圆柱位置

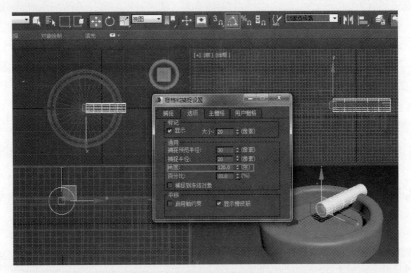

图5-48 调整捕捉设置角度

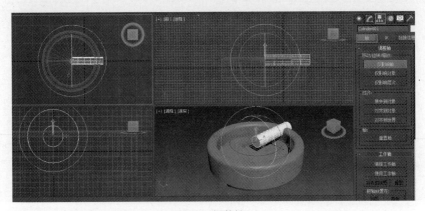

图5-49 调整轴心

（9）选择"选择并旋转"工具，在顶视图中，按住Shift键旋转圆柱，在弹出的"克隆选项"对话框中选择"实例"单选按钮，"副本数"设置为2，如图5-50所示。

（10）选中烟灰缸，在"创建"面板中单击"几何体"按钮，设置几何体类型为"复合对象"，单击Pro Boolean按钮，在"参数"卷展栏中选择"差集"单选按钮，单击"开始拾取"按钮分别拾取三个圆柱，如图5-51所示。

实例5.4 钥匙的制作

（1）在"创建"面板中单击"图形"按钮，设置图形类型为"样条线"，单击"圆"按钮，在前视图中创建一个"半径"为50的圆形，为圆形1，如图5-52所示。

（2）在"创建"面板中单击"图形"按钮，设置图形类型为"样条线"，单击"矩形"按钮，在前视图中创建一个"长度"为50，"宽度"为40的矩形，为矩形1，调整好矩形的位置，如图5-53所示。

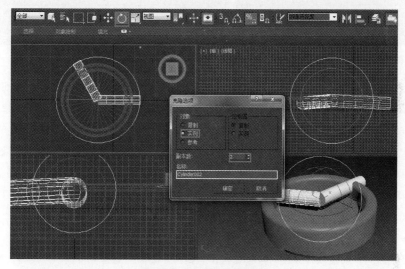

图5-50 "实例"复制圆柱

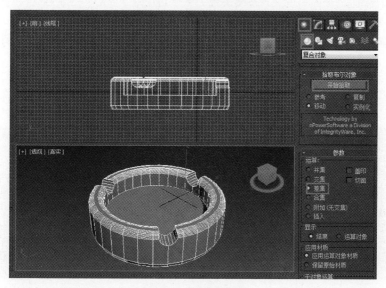

图5-51 "差集"操作

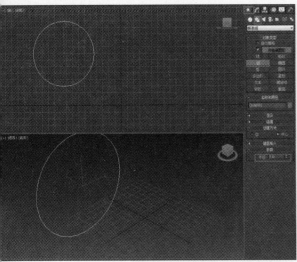

图5-52　创建圆形截面图形

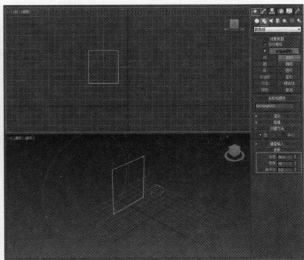

图5-53　创建矩形截面图形

（3）选择圆形1，单击"对齐"按钮，再单击矩形1，在弹出的"对齐当前选择"对话框中，勾选"Y位置"复选框，"当前对象"和"目标对象"都选择"中心"单选按钮，单击"确定"按钮，完成对齐，如图5-54所示。

（4）在"创建"面板中单击"图形"按钮，设置图形类型为"样条线"，单击"矩形"按钮，在前视图中创建一个"长度"为27、"宽度"为158的矩形，为矩形2，调整好矩形的位置。

（5）选择矩形1，单击"对齐"按钮，再单击矩形2，在弹出的"对齐当前选择"对话框中，勾选"Y位置"复选框，"当前对象"和"目标对象"都选择"中心"单选按钮，单击"确定"按钮，完成对齐，如图5-55所示。

（6）选择矩形1，切换到"修改"命令面板，为矩形1添加"编辑样条线"修改器，选择"顶点"层级，选择4个顶点，右击，在弹出的快捷菜单中选择"角点"命令，把点转换为角点，然后选择"选择并移动"工具来调整顶点位置，如图5-56所示。单击"编辑样条线"修改器退出"顶点"层级，在"几何体"卷展栏中单击"附加"按钮，选择矩形2和圆形1，把三个图形整合为一个图形，如图5-57所示。

（7）选择"编辑样条线"修改器中的"样条线"层级，选择圆形1，在"几何体"卷展栏中单击"布尔"按钮，并选择"并集"，然后单击矩形1和矩形2，如图5-58所示。

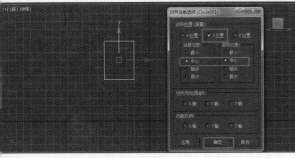

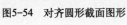

图5-54　对齐圆形截面图形

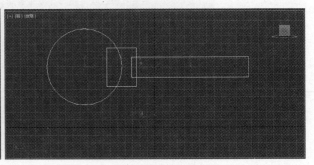

图5-55　对齐矩形截面图形

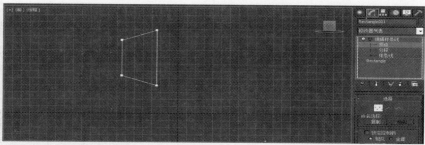

图5-56 矩形截面对齐前两个图形

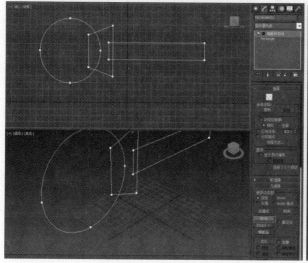

图5-57 整合三个图形

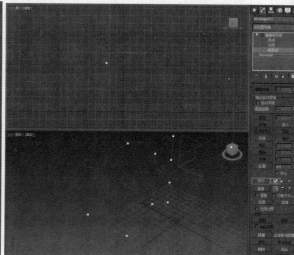

图5-58 附加三个图形

（8）选择"编辑样条线"修改器中的"顶点"层级，选择矩形 2 中的 4 个顶点，右击，在弹出的快捷菜单中选择"角点"命令，把点转换为角点。然后在"几何体"卷展栏中单击"优化"按钮，在矩形 2 上添加几个顶点，并调整位置，如图 5-59 所示。

（9）在"创建"面板中单击"图形"按钮，设置图形类型为"样条线"，单击"圆"按钮，在前视图中创建一个"半径"为 13 的圆形，为圆形 2，作为钥匙上的圆环，然后再把这个圆形 2 附加到钥匙整体上来，如图 5-60 所示。

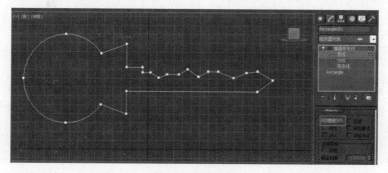

图5-59 添加角点

（10）切换到"修改"命令面板，为图形整体添加"挤出"修改器，在"参数"卷展栏中设置"数量"为10，如图5-61所示。

（11）在"创建"面板中单击"几何体"按钮，设置几何体类型为"标准基本体"，单击"长方体"按钮，在前视图中创建一个长方体，并调整长方体位置，如图5-62所示。

（12）选择钥匙图形，在"创建"面板中单击"几何体"按钮，设置几何体类型为"复合对象"，单击 Pro Boolean 按钮，在"参数"卷展栏的"运算"选项组中选择"差集"单选按钮，单击"开始拾取"按钮拾取上一步创建的长方体，得到如图5-63所示的结果。

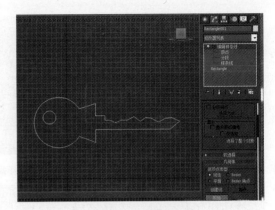

图5-60 创建圆形截面

（13）在"创建"面板中单击"几何体"按钮，设置几何体类型为"扩展基本体"，单击"胶囊"按钮，在左视图中创建一个胶囊体，调整位置，如图5-64所示。

（14）选择钥匙图形，在"创建"面板中单击"几何体"按钮，设置几何体类型为"复合对象"，单击 Pro Boolean 按钮，在"参数"卷展栏的"运算"选项组中选择"差集"单选按钮，单击"开始拾取"按钮拾取上一步创建的胶囊体，得到如图5-65所示的结果。

（15）在"创建"面板中单击"图形"按钮，设置图形类型为"样条线"，单击"文本"按钮，在前视图中创建钥匙上要显示的文字，调整好位置，如图5-66所示。

（16）选择文字，然后切换到"修改"命令面板，为图形整体添加"倒角"修改器，在"倒角值"卷展栏中设置"起始轮廓"为0，"级别1"中"高度"为3，"轮廓"为0，"级别"2中"高度"为3，"轮廓"为0.4，如图5-67所示。

（17）选择钥匙图形，在"创建"面板中单击"几何体"按钮，设置几何体类型为"复合对象"，单击 Pro Boolean 按钮，在"参数"卷展栏的"运算"选项组中选择"并集"单选按钮，单击"开始拾取"按钮拾取文字，得到如图5-68所示的结果。

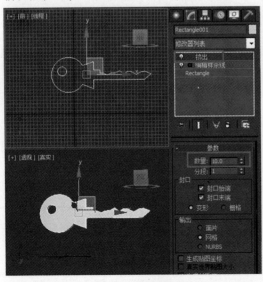

图5-61 挤出钥匙

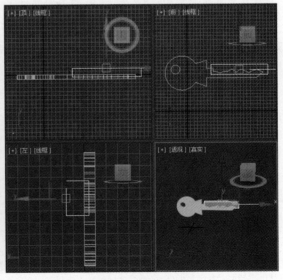

图5-62 创建长方体

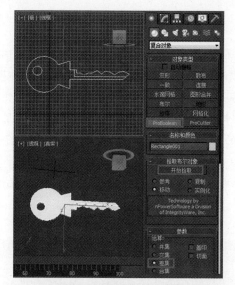

图5-63 "差集"布尔运算

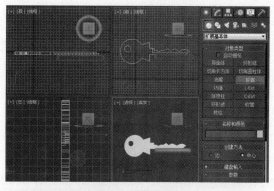

图5-64 创建胶囊体

图5-65 "差集"布尔运算

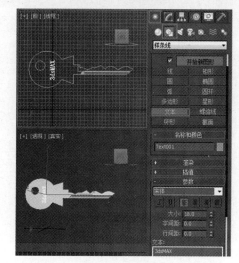

图5-66 创建文字

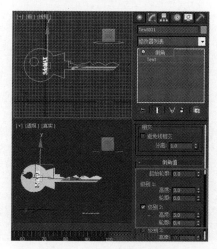

图5-67 添加"倒角"修改器

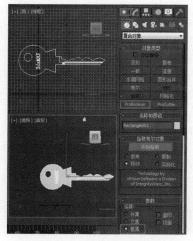

图5-68 "并集"布尔运算

（18）在"创建"面板中单击"图形"按钮，设置图形类型为"样条线"，单击"螺旋线"按钮，在顶视图中创建一个"半径1"和"半径2"均为60、"高度"为5、"圈数"为2的螺旋线，作为钥匙环，如图5-69所示。

（19）切换到"修改"命令面板，在"渲染"卷展栏中勾选"在渲染中启用"和"在视口中启用"复选框，并在下面选择"渲染"单选按钮，设置"径向"的"厚度"为4，"边"为16，如图5-70所示。

（20）选择"选择并旋转"工具，调整钥匙环角度，并调整钥匙环位置，如图5-71所示。

（21）按F9键进行渲染，查看结果，然后在菜单栏中选择"文件"→"保存"命令对场景文件进行保存。

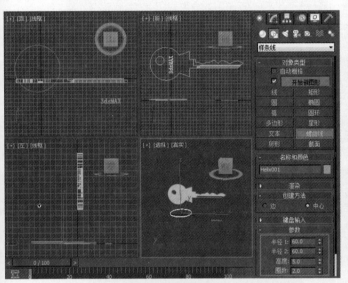

图5-69　创建螺旋线

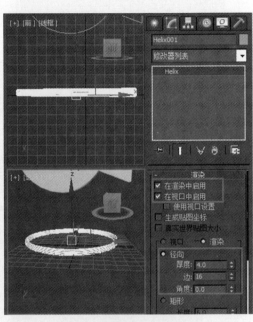

图5-70　螺旋线渲染设置

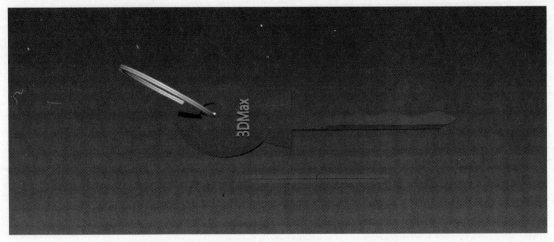

图5-71　渲染结果

5.4 其他复合几何体建模命令

前文讲解的"放样"建模与"布尔"建模是应用最广泛的两种复合建模技法,在 3ds Max 2015 中还有几种复合建模命令可以满足不同的建模需求。

1. 变形

"变形"命令是针对网格、面片及多边形对象,且对象需要有相同的定点数量、边线数量或面数才可以使用的命令。它通过插补第一个对象的顶点,使其与另一个对象的顶点位置相符。一般常用来制作动画表情的面部变化等。

2. 散布

"散布"命令是将所选择的源对象散布为阵列,或散布到分布对象的表面。多在制作室外场景中应用,比如模拟树林、草丛、花丛等,还可模拟制作人物模型的毛发等。

3. 一致

"一致"命令可以将某个对象的顶点投射到另一个对象的表面,从而模拟创建出如草地中或沙漠地形中的蜿蜒河流或盘山公路的模型。

4. 连接

"连接"命令可以通过源物体表面的"面"或"洞"连接两个或多个对象。它可以实现模型间的快速连接要求。它可用于制作带把手的杯子、哑铃等模型。

5. 水滴网格

"水滴网格"命令可以通过几何体或粒子创建球形模型,可以快速出现粒子融合的现象,模拟出柔软的物质状态。通常用于制作模拟牛奶或水花溅起的效果,还可以应用于巧克力或苏打饼干的模型制作中。

6. 图形合并

"图形合并"命令可以将二维图案或文字快速合并到一个三维立体模型表面上,多同时配合"挤出"命令使用,可制作象棋、内刻文字的手镯等模型。

7. 地形

"地形"命令是通过绘制等高线并连接等高线来制作复杂地形的工具。

8. 网格化

"网格化"命令是配合粒子系统使用的,将生成的粒子对象转化为网格对象,可配合"弯曲"命令、"UVW 贴图"命令使用。

9. ProCutter

ProCutter 是一个新增的布尔运算工具,通常用于将模型对象进行切割,以此得名"超级切割工具"。其比较适合于动态模拟环境中使用,例如模拟一个玻璃杯的破碎过程。

练习题

1. 利用本章所学知识，制作桌布，如图 5-72 所示。
2. 利用本章所学知识，制作罗马柱，如图 5-73 所示。

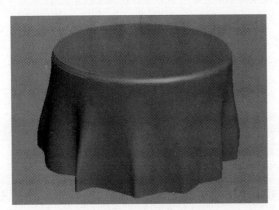

图5-72　桌布

图5-73　罗马柱

第 6 章 材质贴图

3ds Max 2015 材质贴图，是在虚拟世界中模拟物体对象的纹理，并模拟其反射、折射等艺术效果。本章是让大家具体了解 3ds Max 三维材质的相关基础知识，并介绍不同材质在实际贴图操作中的具体运用。

人们在生活中所看到的一切物体都会因其表面的颜色、纹理、反射率、折射率，以及光线强度等的不同表现出不同的性质。在 3ds Max 虚拟世界中给两个相同的模型分别赋予不同的材质，显示出的效果也截然不同，如图 6-1 所示。所以，想要在 3ds Max 中正确地表现某一种物体的材质，不仅要熟练掌握软件方面的有关知识，还要靠平时细致地观察生活，并理解、记忆不同材质的色彩、纹理、折射率、反射率等基本要素。

图6-1 材质对比

6.1 材质编辑器

材质编辑器是用于创建和编辑材质贴图，并将创建的材质指定给场景中选定的对象。材质可以使场景更具真实感。材质将详细描述对象如何反射或投射灯光，与灯光属性相辅相成。指定给材质球的图形称为贴图，通过将贴图指定给材质球的不同组件，可以影响其颜色、不透明度、曲面的平滑度等。

贴图是 3ds Max 材质表现物体质量属性所应用的一种手段，不同属性的贴图可用于展示不同物体的表象特点。

6.1.1　材质编辑器界面

材质编辑器是一个浮动的对话框，用于设置不同类型和不同属性的材质和贴图效果，并将设置的结果赋予场景中的物体。在工具栏中单击"材质编辑器"按钮，弹出"材质编辑器"对话框，如图 6-2 所示。

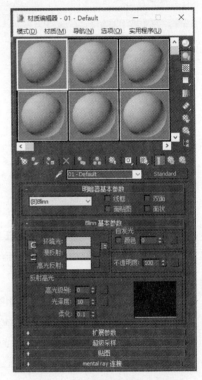

在"材质编辑器"菜单栏中包含创建和管理场景中材质的菜单。大部分菜单也可以在工具栏或者导航按钮中找到。

1．"模式"菜单

可以在"精简材质编辑器"和"Slate 材质编辑器"之间进行转换。

2．"材质"菜单

（1）获取材质：显示材质 / 贴图浏览器，利用它用户可以选择材质或贴图。

（2）从对象选取：可以从场景中的一个对象上选取材质。单击"滴管"按钮，然后将滴管光标移动到场景中的对象上。当滴管光标位于包含材质的对象上时，滴管充满"墨水"并且弹出相应提示。单击对象，此材质会出现在活动示例窗中。

图6-2　"材质编辑器"对话框

（3）按材质选择：可以基于"材质编辑器"中的活动材质选择对象。除非活动示例窗中包含场景中使用的材质，否则此命令不可用。

（4）在 ATS 对话框中高亮显示资源：如果活动材质使用的是已跟踪的资源（通常为位图纹理）的贴图，则打开"资源跟踪"对话框，同时资源高亮显示。

（5）指定给当前选择：可将活动示例窗中的材质应用于场景中当前选定的对象。同时，示例窗将成为热材质。

（6）放置到场景：在编辑材质之后更新场景中的材质。

（7）放置到库：可以将选定的材质添加到当前库中。

（8）更改材质 / 贴图类型：等同于单击"材质 / 贴图类型"按钮。

（9）生成材质副本：通过复制自身的材质，生成材质副本，冷却当前热示例窗。

（10）启动放大窗口：等同于双击活动的示例窗或右击选择快捷菜单中的"放大"命令。

（11）另存为 .FX 文件：将材质另存为 .fx 文件。

（12）生成预览：用于在将材质应用到场景之前，在"材质编辑器"中试验材质的效果。

（13）查看预览：使用 Windows Media Player 播放 \previews 子目录下当前的 _medit.avi 预览文件。

（14）保存预览：将 _medit.avi 预览保存为另一名称的 AVI 文件，将其存储在 \previews 子目录中。

（15）显示最终结果：可以查看所处级别的材质，而不查看所有其他贴图和设置的最终结果。

（16）视口中的材质显示为：组合菜单，这些命令管理视口显示材质的方式。

（17）重置示例窗旋转：使活动的示例窗对象回到其默认方向，等同于在示例窗右击菜单中的"重置旋转"命令。

（18）更新活动材质：如果启用"材质编辑器选项"对话框"仅更新活动示例"设置，则选择此选项可更新示例窗中的活动材质。

3．"导航"菜单

（1）转到父对象：将当前材质向上移动一个层级。

（2）前进到同级：移动到当前材质中相同层级的下一个贴图或材质。

（3）后退到同级：移动到当前材质中相同层级的前一个贴图或材质。

4．"选项"菜单

包括将材质传播到实例、手动更新切换、背光和选项等命令。

5．"实用程序"菜单

包括渲染贴图、按材质选择对象、清理多维材质等命令。

6.1.2 材质球

"标准"材质（Standard）是 3ds Max 中默认的初始材质。在现实生活中，对象的反射光线取决于它的表面属性；在 3ds Max 中，标准材质用来模拟对象表面的反射属性，在不使用贴图的情况下，标准材质为对象提供了单一、均匀的表面颜色效果。

"标准"材质面板包含以下卷展栏："明暗器基本参数""Blinn 基本参数""扩展参数""超级采样""贴图""mental ray 连接"。通过单击顶部的项目条可以收起或者展开对应的卷展栏，鼠标指针呈现"手"形状时，可以进行上下拖动，右侧还有一个细的滑块可以进行上下滑动，具体用法和"修改"命令面板的用法相同。

6.1.3 精简材质编辑器

在工具栏中单击"材质编辑器"按钮，弹出"材质编辑器"对话框，在"模式"菜单中选择"精简材质编辑器"命令。"Slate 材质编辑器"在设计材质时功能更强大，而"精简材质编辑器"在只需应用已设计好的材质时更方便。"精简材质编辑器"与"Slate 材质编辑器"中的参数基本相同，下面介绍"精简材质编辑器"窗口周围的工具按钮的使用程序，如图 6-3 所示。

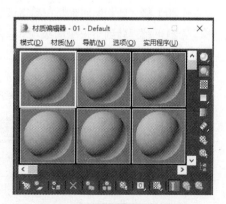

图6-3 "材质编辑器"命令面板

1．工具栏

工具栏中各个工具的功能介绍如下：

（1）■ "采样类型"：材质球的形状。

（2）■ "背光"：材质球是否显示背景光。

（3）▦ "背景"：针对透明和半透明物体材质球的背景显示工具，能够调节透明／半透明物体的透明度。

（4）■ "采样 UV 平铺"：显示贴图的重复次数。

（5）▦ "视频颜色检查"：对材质的颜色和纯度进行校正。

（6）◈ "生成预览"：可以用这个工具进行材质动画的预览。

（7）◈ "选项"：材质编辑器细节参数设置。

（8）◈ "按材质选择"：选择材质球，再单击该按钮，就能将场景中使用该材质的物体全部选中。

（9）▦ "材质／贴图导航器"：能清晰显示材质贴图的组成层次。

（10）▦ "获取材质"：将已有或材质库中的材质导入材质球。

（11）▦ "将材质放入场景"：该按钮可在编辑材质之后更新场景中原有的材质。

（12）▦ "将材质指定给选定物体"：将设置好的材质应用到选定的对象上。

（13）✕ "重置贴图／材质为默认设置"：可以删除无用的贴图材质。

（14）▦ "生成材质副本"：通过复制自身的材质，生成材质副本，冷却当前热示例窗。

（15）▦ "使唯一"：可以使贴图实例成为唯一的副本。

（16）▦ "放入库"：可以将选定的材质添加到当前库中。

（17）▦ "材质 ID 通道"：单击该按钮后将材质标记为 Video Post 效果或渲染效果，或存储以 RLA 或 RPF 文件格式保存的渲染图像的目标（以便通道值可以在后期处理应用程序中使用）。材质 ID 值等同于对象的 G 缓冲区值。范围为 1~15，表示将使用此通道 ID 的 Video Post 效果或渲染效果应用于该材质。

（18）▦ "在视口中显示明暗处理材质"：当材质球上有材质时，可以让该材质球上的材质在视口中显示出来。

（19）▌ "显示最终结果"：当此按钮处于启用状态时，示例窗中将显示最终结果，即材质树中所有贴图和明暗器的组合。当此按钮处于禁用状态时，示例窗中只显示材质的当前层级。

（20）◈ "转到父对象"：单击该按钮可以在当前材质中向上移动一个层级。

（21）◈ "转到下一个同级项"：单击该按钮，可以移动 "选择" 到当前材质中相同层级的下一个贴图或材质。

2．材质名称、类型修改工具

在材质编辑器中部可以看到材质名称、类型修改工具，如图 6-4 所示。

图6-4　材质名称、类型修改工具

（1）✎ "从对象获取材质"：能够在有材质的物体上将其材质吸取下来。

（2）▭ "名称字段"：可以修改材质的名称。

（3）"类型"：Standard 是标准材质，通过单击该按钮可以改变材质的类型。

3．明暗器基本参数

"明暗器基本参数"卷展栏如图6-5所示。

（1）线框：模型转换为线框。

（2）双面：模型正反两面都使用材质，通常用于片状物体。

图6-5　"明暗器基本参数"卷展栏

（3）面贴图：以面为单位，将贴图分别贴在模型的每一个面上。

（4）面状：清除模型面部的光滑组。

4．Blinn 基本参数

"Blinn 基本参数"卷展栏如图6-6所示。

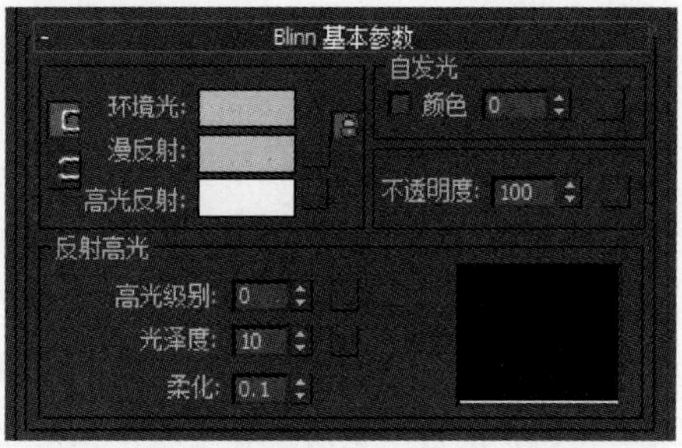

（1）环境光：与"漫反射"锁定，可以通过色彩面板更改环境光颜色。

（2）漫反射：与"环境光"锁定，可以通过色彩面板更改模型的颜色，同时也可以使用"漫反射"后面的"设置"按钮对漫反射贴图进行设置。

（3）高光反射：可以设定物体高光的颜色，默认为白色。

图6-6　"Blinn基本参数"卷展栏

（4）自发光：控制材质是否自发光，可以控制发光的亮度，更改自发光颜色。

（5）不透明度：默认值为100，表示不透明；值为0时，表示材质透明。

（6）高光级别：高光的强度。

（7）光泽度：表示高光范围，值越大高光范围越小。

（8）柔化：高光边缘模糊控制。

实例 6.1　苹果贴图练习

（1）在顶视图中创建一个圆环，如图6-7所示。

（2）切换到"修改"命令面板，修改"分段""边数"值，修改"半径1"和"半径2"值使两个值相等，如图6-8所示。

（3）单击"选择并均匀缩放"按钮，沿着y轴拉伸圆环。

（4）在"修改器列表"中选择"FFD（圆柱体）8×8×4"修改器。在"FFD参数"卷展栏中单击"尺寸"选项组中的"设置点数"按钮，打开"设置FFD尺寸"对话框，将"侧面""径向"参数调大一点，如图6-9所示。

（5）展开"FFD（圆柱体）8×8×4"修改器，选择"控制点"层级，如图6-10所示。

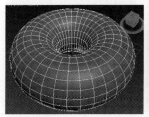
图6-7　创建圆环

图6-8　调整圆环参数

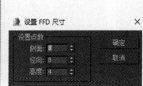
图6-9　设置FFD尺寸

图6-10　选择"控制点"层级

（6）最大化顶视图，选择"围栏选择区域"工具，框选一些中心部位的点，如图6-11所示。切换视口，按住Alt键单击"矩形选择区域"按钮将选择的苹果下面的点减选。

（7）选择"选择并移动"工具向上移动选择的点。

（8）切换到底视图，按照步骤（6）、（7）对底部的一些点做同样的处理。

（9）将活动视图切换到前视图，使用"矩形选择区域"工具选择偏下部的点，选择"选择并均匀缩放"工具沿着y轴对其进行缩放，如图6-12所示。

（10）切换到顶视图，在中心位置创建一个圆柱体。

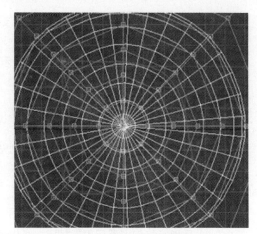

图6-11　框选中间部位控制点

（11）用移动工具向上调整，进入"修改"面板，调整圆柱体半径，如图6-13所示。

（12）在"修改器列表"中选择"FFD（圆柱体）8×8×4"修改器。

（13）单击"FFD（圆柱体）8×8×4"修改器前面的"+"按钮将其展开，选择"控制点"层级。

（14）使用"矩形选择区域"工具选择圆柱中部的点，选择"选择并均匀缩放"工具沿着x轴对其进行缩放，如图6-14所示。

（15）选择圆柱体，在"修改器列表"中选择"弯曲"修改器。在"参数"卷展栏中设置角度参数，如图6-15所示。

（16）单击"材质编辑器"按钮，弹出"材质编辑器"对话框，点选一个材质球，在"名称"文本框中输入"苹果"，单击"Blinn基本参数"卷展栏中"漫反射"后面的"设置"按钮，如图6-16所示，弹出"材质/贴图浏览器"对话框。

（17）选择"位图"，然后单击"确定"按钮，打开"选择位图图像文件"对话框，选择相应的贴图文件，单击"打开"按钮。

（18）在"材质编辑器"对话框中单击"将材质指定给选定对象"按钮。

（19）单击"渲染帧窗口"按钮，打开透视帧窗口，单击"渲染"按钮，渲染结果如图6-17所示。

（20）在"修改"面板的"修改器列表"中选择"UVM贴图"修改器，在"参数"卷展栏中选择"收缩包裹"单选按钮，如图6-18所示。

（21）再次单击"渲染"按钮进行渲染，最终效果如图6-19所示。

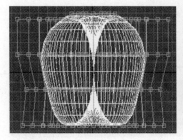
图6-12　沿y轴缩放下部点

图6-13　调整半径

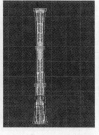
图6-14　沿x轴缩放中部点

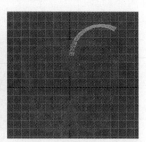
图6-15　添加"弯曲"修改器

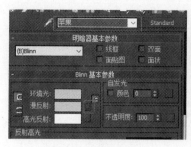   

图6-16　选择"漫反　　　图6-17　渲染结果　　　图6-18　选择"收　　　图6-19　最终渲染效果
　　　　　射"位图　　　　　　　　　　　　　　　　　缩包裹"单选按钮

6.2　"多维/子对象"材质

"多维/子对象"材质用于将多个材质组合为一种复合材质，分别指定给一个物体的不同子对象级别。其方法是：首先通过"编辑多边形"修改器的"多边形"子对象选择物体表面，并为需要表现不同材质的多边形指定不同的材质 ID，然后创建"多维/子对象"材质，分别为相应的材质 ID 设置材质，最后将设置好的材质指定给目标物体。

1．材质 ID 的设置

（1）选择需要设置材质 ID 的对象，前提是需要设置材质 ID 的对象是一个整体，添加"编辑多边形"修改器，将当前选择子对象级别选为"多边形"，在视图中选择需要设置某种材质的多边形，然后在"多边形：材质 ID"卷展栏中设置"设置 ID"的 ID 号，使用同样的方法依次为其他多边形设置材质 ID。

（2）设置完材质 ID 后，在"材质编辑器"对话框中将"Standard（标准）"材质转换为"多维/子对象"材质，并设置相应的材质数量。

2．"多维/子对象基本参数"卷展栏

（1）设置数量：用于设置拥有子材质的数目，需要注意的是，如果减少了原来设置的数目，就会将已经设置的材质丢失。

（2）添加：用于添加一个新的子材质。新材质默认的 ID 号是在当前 ID 号基础上的递增。

（3）删除：用于删除当前选择的子材质。可以通过撤销命令取消删除。

（4）ID：单击该按钮将对列表进行排序，其顺序开始于最低材质 ID 的子材质，结束于最高材质 ID。

（5）子材质列表：

①名称：单击该按钮后，按照名称栏中所指定的名称次序进行排序。

②子材质：单击该按钮，可按子材质的名称顺序进行排序。子材质列表中每个子材质有一个单独的材质项。该卷展栏中一次最多显示 10 个子材质的名称，如果材质数量超过 10 个，则可以通过拖动右边的滑块显示更多子材质。

③ID号：用于显示指定给子材质的ID号，同时还可以在这里重新指定ID号。ID号不能重复，如果输入的ID号有重复，系统会发出警告。

④无：该按钮用来选择不同的材质作为子材质。右侧颜色拾取器用来确定材质的颜色，它实际上是该子材质的"漫反射贴图"值。最右侧的复选框是可以对单个子材质进行启用和禁用的控制开关。

⑤材质样本球：用于提供子材质的预览，单击材质样本球，可以对子材质进行选择。

⑥名称：可以在这里输入自定义的材质名称。

实例6.2 瓶子制作

（1）打开"pingzi.max"文件。

（2）在工具栏中单击"材质编辑器"按钮或者按M键打开"材质编辑器"对话框，选择一个新的材质样本球。

（3）单击"标准材质"按钮，弹出"材质/贴图浏览器"对话框，选择"多维/子对象"材质，单击"确定"按钮，如图6-20所示。

（4）在"多维/子对象基本参数"卷展栏中单击"设置数量"按钮，打开"设置材质数量"对话框，设置"材质数量"为3，单击"确定"按钮，如图6-21所示。

（5）单击第一个材质的子材质颜色拾取器，设置第一个ID的颜色为白色，如图6-22所示。

（6）单击ID1的子材质，基本参数设置如图6-23所示。

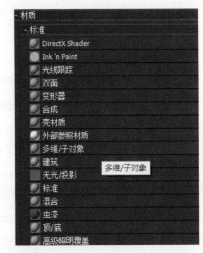

图6-20 选择"多维/子对象"材质

（7）单击"转到父对象"按钮，右击ID1的子材质，在弹出的快捷菜单中选择"复制"命令，然后粘贴在ID2的子材质上，单击ID2的子材质，创建标准材质，单击"漫反射"旁边的按钮，单击"贴图"按钮，打开"材质/贴图浏览器"对话框，选择"位图"，单击"确定"按钮，在打开的"选择位图图像文件"对话框中，选择瓶子的贴图。

（8）单击"转到父对象"按钮，单击ID3的子材质，设置为"标准材质"，基本参数设置如图6-24所示。

（9）在"修改"面板的"修改器列表"中选择"编辑多边形"修改器，选择"多边形"层级。

（10）运用"矩形选择区域"工具框选瓶子的盖，设置材质ID为1，如图6-25所示。

（11）框选瓶子中上部分的多边形，设置材质ID为2，如图6-26所示。

（12）单击"将材质指定给选定对象"按钮，将材质赋予瓶子并渲染，效果如图6-27所示。

图6-21 设置材质数量

图6-22 设置ID1颜色

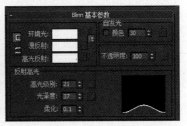

图6-23 设置ID1子材质基本参数

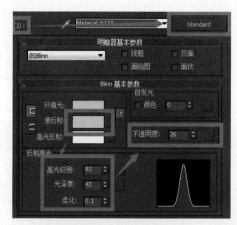

图6-24 设置ID3子材质基本参数

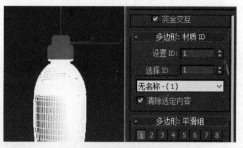

图6-25 设置瓶盖ID为1

图6-26 设置瓶子中上部ID为2

图6-27 将材质赋予瓶子并渲染

6.3 Blend 混合材质

Blend 混合材质是 3ds Max 诸多材质中使用频率极高的材质之一，它能够实现两种材质之间的无缝混合，常用于制作烫金枕头、花纹玻璃等室内家居材质表现。

实例 6.3 电池材质制作

（1）在 3ds Max 中打开一个已经制作好的电池模型场景，如图 6-28 所示。

（2）电池是由头部、底部和身体三部分组成的。头部和底部是磨砂金属材质，而身体部分的材质是由黄金材质和贴图反射材质混合而成。因此在大方向上

图6-28 打开电池模型场景

要确定点材质级别为多维子材质。ID号为1的是磨砂金属材质，ID号为2的是Blend混合材质，是由黄金材质和贴图反射材质混合而成。首先要为对象设定表面材质的ID号，将模型转换为可编辑多边形，选择"多边形"层级，选中图6-29所示的多边形，将选定多边形ID改为1，选中图6-30所示的多边形，将选定多边形ID改为2。

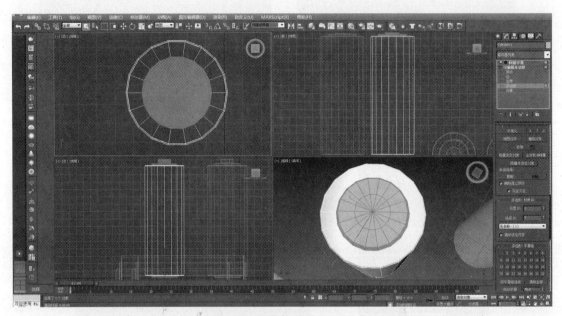

图6-29　将选定多边形ID改为1

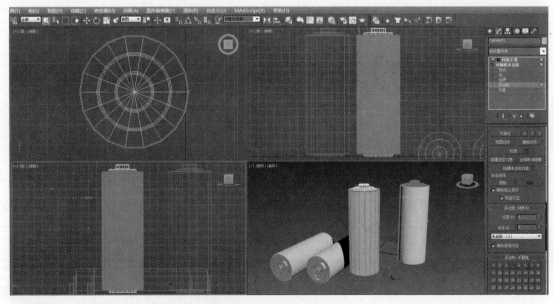

图6-30　将选定多边形ID改为2

（3）选中一个材质球，将材质球设为多维子材质。设置 ID 号的数量为 2 个。将 ID1 设置为磨砂金属材质，将 ID2 设置为一个 Blend 混合材质，如图 6-31 所示。

（4）调整 ID1 材质，此材质为带有反射效果的金属材质。进入子材质 ID1 设置面板，将"明暗器基本参数"改为"金属"，调整"高光级别"与"光泽度"；进入"贴图"卷展栏为"反射"添加光线追踪贴图，如图 6-32 所示。

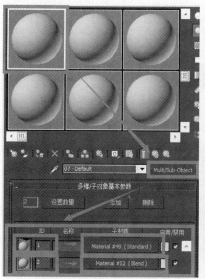

图6-31　设置ID1和ID2的材质

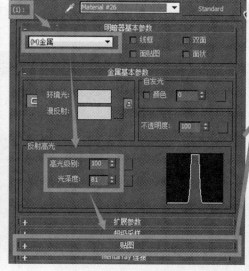

图6-32　调整高光、添加光线追踪贴图

（5）调整 ID2 材质，观察电池的身体部位材质效果，可以把它理解为一个黄金材质和一个贴图反射材质的混合，二者之间通过 Mash 遮罩来控制。多维子材质的表面色贴图和遮罩贴图，如图 6-33 所示。

（6）设置材质 1 中的漫反射贴图，应设定为贴图反射材质，材质设置效果如图 6-34 所示。

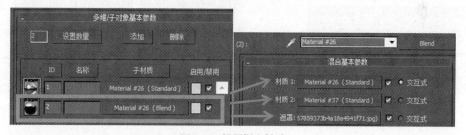

图6-33　设置混合材质

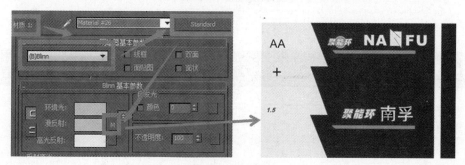

图6-34　表面贴图

（7）材质 2 为遮罩材质与金属材质两部分合成的黄金材质效果。

①材质 2 参数设置如图 6-35 所示。

② Blend 材质遮罩设置如图 6-36 所示。

（8）给场景中的所有电池赋予所设定的材质，场景显示效果如图 6-37 所示。如果设定的效果与图示不一样，只需要对电池的 2 号选区添加一个 UVW Map 贴图坐标修改器，微调即可。

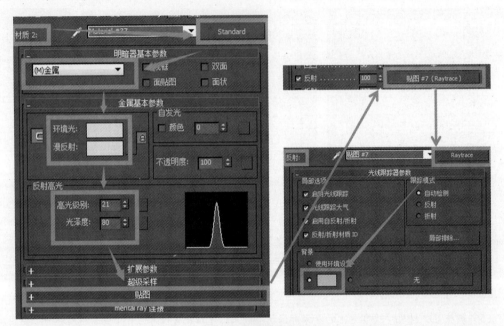

图6-35　材质2参数设置

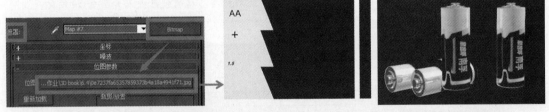

图6-36　Blend材质遮罩设置　　　　　图6-37　最终渲染效果

6.4　双面材质

实例 6.4　双面雨伞材质制作

（1）打开"雨伞 .max"文件。

（2）单击名称中的 star001，将雨伞激活。

（3）在工具栏中单击"材质编辑器"按钮或者按 M 键打开"材质编辑器"对话框。

（4）选择一个新的材质样本球。

（5）单击"标准材质"按钮，弹出"材质／贴图浏览器"对话框，选择"双面"材质，单击"确定"按钮，如图 6-38 所示。

（6）在"双面基本参数"卷展栏中，为正面材质添加贴图，如图 6-39 所示。

（7）单击"漫反射"右侧的"设置"按钮，打开"材质／贴图浏览器"对话框，双击"位图"打开"选择位图图像文件"对话框，选择文件"zheng.jpg"作为雨伞上面的贴图，结果如图 6-40 所示。

（8）单击"转到父对象"按钮，在"双面基本参数"卷展栏中，为背面材质添加贴图，如图 6-41 所示。

（9）单击"漫反射"右侧的"设置"按钮，打开"材质／贴图浏览器"对话框，双击"位图"打开"选择位图图像文件"对话框，选择文件"fan.jpg"作为雨伞内面的贴图，结果如图 6-42 所示。

（10）单击"转到父对象"按钮，单击"将材质指定给选定对象"按钮，结果如图 6-43 所示。

（11）在"修改"面板的"修改器列表"中选择"UVM 贴图"修改器。

（12）在"参数"卷展栏中选择"平面"单选按钮，同时调整"长度"和"宽度"值使图片覆盖整个雨伞表面，如图 6-44 所示。

（13）同样的方法调整雨伞内面的贴图尺寸。

（14）单击"渲染"按钮，最终效果如图 6-45 所示。

图6-38　选择"双面"材质

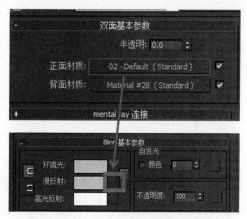

图6-39　设置正面材质

图6-40　添加位图

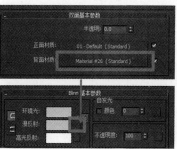

图6-41　设置背面材质

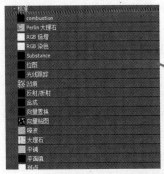

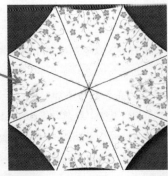

图6-42 添加位图

图6-43 赋予材质

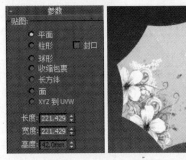

图6-44 添加"UVM贴图"修改器

图6-45 最终渲染效果

练习题

1. 利用本章所学知识,制作一个篮球,并制作和赋予其材质,如图 6-46 所示。
2. 利用本章所学知识,制作一个足球,并赋予其多维子材质,如图 6-47 所示。
3. 利用本章所学知识,制作一个破损的金属易拉罐,并赋予其双面材质,如图 6-48 所示。

图6-46 篮球

图6-47 足球

图6-48 破损的金属易拉罐

第7章 灯光和摄像机

3ds Max 2015 中的虚拟场景是具有空间性的，所以在灯光的使用上，是否能够更好地表现场景明暗效果就显得非常关键。好的灯光效果不仅可以增加场景的体积感和真实性，还能使人有身临其境的感觉。想要做出整体效果良好的场景，在渲染输出时少不了另一个辅助工具——摄像机。3ds Max 2015 的摄像机工具既可以从任何角度和位置来观察场景，又可以得到不同的渲染效果，使镜头内的静物、景观或有动画效果的虚拟物体，通过设置相关参数后显得更加真实。

本章将着重介绍 3ds Max 2015 软件中灯光、摄像机的使用方法，以便在创建场景时能够更好地表现出虚拟场景的仿真感。

7.1 标准灯光

7.1.1 标准灯光介绍

标准灯光是 3ds Max 2015 的传统灯光。系统提供了 8 种标准灯光，分别是目标聚光灯、自由聚光灯、目标平行光、自由平行光、泛光、天光、mr Area Omni 和 mr Area Spot，如图 7-1 所示。

1．目标聚光灯

目标聚光灯是一个有方向的光源，它具有可以独立移动的目标点和投射点，方向性非常好。加入投影设置，可以表现出很好的静态仿真效果，但是使用目标聚光灯进行动画照射时不易控制方向，也不易进行跟踪照射。

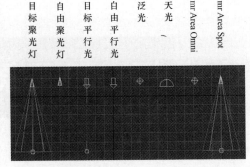

图7-1 标准灯光类型

2．自由聚光灯

自由聚光灯具有目标聚光灯的所有功能，只是没有目标对象。在使用该类型灯光时，并不是通过放置一个目标来确定聚光灯光锥的位置，而是通过旋转自由聚光灯来对准它的目标对象。

在制作一个场景时，有时需要保持它相对于另一个对象的位置不变，如汽车的前照灯、聚光灯和矿工的头灯都是非常典型的、有说明意义的例子，并且在这些情况下都需要使用自由聚光灯。

3．目标平行光

目标平行光可产生单方向的平行照射区域，其与目标聚光灯的区别是，它所照射的区域呈圆柱形或者矩形，而不是锥形。目标平行光主要用于模拟阳光照射的效果，对于户外场景尤为适用，如果将其作为体积光源，可以产生一个光柱，常用来模拟探照灯、激光光束等特殊效果。

当创建并设置灯光后，如果想让该灯光在渲染输出时产生光芒四射的艺术效果，那么在菜单栏中选择"渲染"→"环境"命令，打开"环境和效果"对话框，为灯光设置"体积光"特效，然后设置特效的参数即可。

4．自由平行光

自由平行光可产生平行的照射区域。它其实是一种受限制的目标平行光。在视图中，它的投射点和目标点不可分别调节，只能进行整体移动或旋转，这样可以保证照射范围不发生改变。如果对灯光的范围有固定要求，尤其是在有灯光的动画中，这是一个非常好的选择。

5．泛光

泛光可向四周发散光线，标准的泛光用来照亮场景。它的优点是易于创建和调节参数，不用考虑是否有对象在范围外而未被照射到；缺点是不能创建太多，否则显得无层次感。泛光适用于将"辅助照明"添加到场景中，或者模拟点光源。泛光可以投射阴影，从中心指向外侧。泛光常用来模拟灯泡、台灯等对象的光源。

6．天光

天光能够模拟日光照射效果。在3ds Max中有多种模拟日光照射效果的方法，但如果配合"照明追踪"渲染方式，天光往往能产生最生动的效果。

7．mr Area Omni

当使用mental ray渲染器渲染场景时，mr Area Omni（mr区域泛光灯）可以从球体或圆柱体上发射光线，而不是从点源发射光线。如果使用默认的"扫描线"渲染器，mr区域泛光灯会像其他标准的泛光灯一样发射光线。

8．mr Area Spot

当使用 mental ray 渲染器渲染场景时，mr Area Spot（mr 区域聚光灯）可以从矩形或圆形区域发射光线，产生柔和的照明和阴影效果。如果使用默认的"扫描线"渲染器，其效果等同于标准的聚光灯。

实例 7.1 标准灯光使用

（1）选择菜单栏中的"文件"→"打开"命令，打开要演示的场景文件"标准灯光.max"，如图 7-2 所示。

（2）在"创建"面板中单击"灯光"按钮，设置灯光类型为"标准"，单击"目标聚光灯"按钮，创建一盏目标聚光灯，如图 7-3 所示。

图7-2 打开场景文件

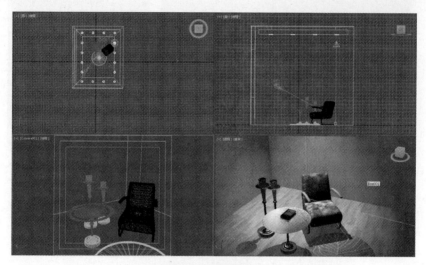

图7-3 创建聚光灯

（3）选择刚创建的聚光灯，进入"修改"面板，调整聚光灯的参数，如图 7-4 所示。

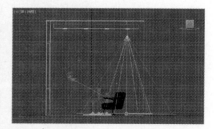

图7-4 调整聚光灯灯光参数

（4）在"创建"面板中，单击"泛光"按钮，在场景中创建两个泛光灯，如图 7-5 所示。

（5）选择聚光灯，进入"修改"面板，在"常规参数"卷展栏中勾选"阴影"选项组中的"启用"复选框，开启聚光灯阴影，如图 7-6 所示。

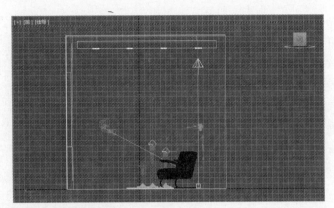

图7-5　创建两个泛光灯

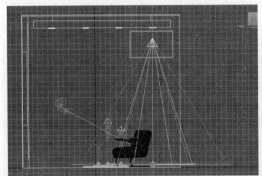

图7-6　启用阴影

（6）渲染场景，可以观察到场景中的灯光最终效果比初始效果更真实，如图 7-7 所示。

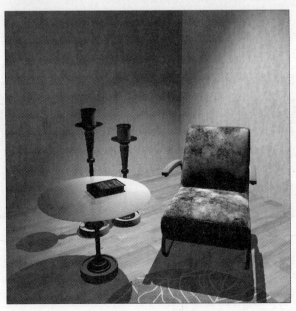

图7-7　渲染效果图

7.2 光度学灯光

7.2.1 光度学灯光介绍

光度学灯光是 3ds Max 2015 自带的灯光系统，通过光线的能量来确定灯光的亮度，按照物理的方法进行衰减。光度学灯光更加接近真实世界中的灯光，比如物体的影子会随着灯光的远近而产生相应的变化。3ds Max 提供了三种光度学灯光，分别是目标灯光、自由灯光和 mr 天空入口，如图 7-8 所示。

图7-8 光度学灯光类型

1. 目标灯光

目标灯光是将目标点光源、目标线光源、目标矩形光源、目标圆形光源、目标球体光源、目标圆柱体光源这六种光度学目标光源整合在一起，如图 7-9 所示。

2. 自由灯光

自由灯光是将自由点光源、自由线光源、自由矩形光源、自由圆形光源、自由球体光源、自由圆柱体光源这六种光度学自由光源整合在一起，如图 7-10 所示。

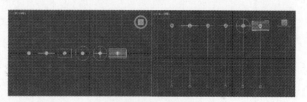

图7-9 光度学目标灯光

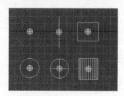

图7-10 光度学自由灯光

3. mr 天空入口

mr 天空入口是一种 mental ray 灯光，与 VRay 灯光比较相似，不过 mr 天空入口灯光必须配合天光才能使用。

7.2.2 光度学灯光分布方式

光域网是一种三维表现光源亮度分布的方式，是灯光的一种物理性质，确定光在空气中发散的方式。不同的灯光，在空气中的发散方式是不一样的，例如，手电筒，它会发出一个光束，壁灯、台灯，发出的光又是另外一种形状，这些不同形状的图案就是由光域网造成的。

光域网分布方式是通过指定光域网文件来描述灯光亮度的分布状况，将有关的灯光亮度分布方向信息都存储在光度学数据文件当中。这种文件通常可以从灯光的制造厂商那里获得，格式主要有IES、LTLI和CIBSE，如图7-11所示。

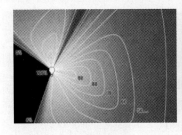

图7-11　光度学分布方式

（1）统一球形分布：可以在各个方向上均匀投射灯光。

（2）统一漫反射分布：从曲面发射光线，以正确的角度保持曲面上的灯光的强度最大。倾斜角度越大，发射灯光的强度越弱。

（3）聚光灯分布：像闪光灯一样投影聚光的光束，就像在剧院舞台或桅灯下的聚光区。灯光的光束角度控制光束的主强度，区域角度控制光在主光束之外的"散落"。

（4）光度学Web分布：是以3D的形式表示灯光的强度，通过该方式可以调用光域网文件，产生异形的灯光强度分布效果。

7.2.3　阴影

（1）阴影贴图：通过贴图的方式达到想要的阴影效果，免去计算机运算的过程，渲染速度快。

（2）光线跟踪阴影：渲染时间长，可以产生过渡阴影。

（3）面（区域）阴影：创建柔和的投影和阴影过渡效果，而且离物体越远阴影越模糊。

（4）高级光线跟踪：采用双过程抗锯齿，对产生阴影的光线进行追踪运算；适合在多盏灯光的复杂场景中运用。

实例7.2　光度学目标灯光使用

（1）在场景中创建圆柱体和茶壶，如图7-12所示。

（2）在"创建"面板中单击"灯光"按钮，设置灯光类型为"光度学"，单击"目标灯光"按钮，如图7-13所示。

图7-12　创建圆柱体和茶壶　　　　图7-13　创建光度学目标灯光

（3）在左视图中创建光度学目标灯光，且勾选"阴影"选项组中的"启用"复选框，如图7-14所示。

（4）降低灯光强度，将"cd"值设置为31，场景内曝光效果减弱，如图7-15所示。

（5）在"常规参数"卷展栏的"灯光分布（类型）"选项组中可以更改灯光类型，如改为"聚光灯"，效果如图7-16所示。

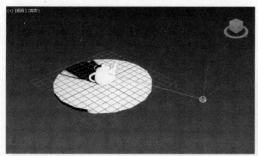

图7-14　启用阴影

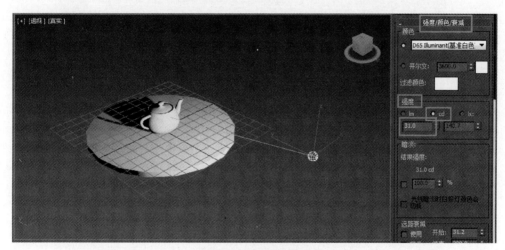

图7-15　更改灯光强度

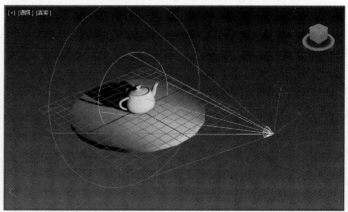

图7-16　更改灯光类型

（6）可以通过修改"聚光区／光束"和"衰减区／区域"的值来调整光影分布范围，如图7-17所示。

（7）在"强度／颜色／衰减"卷展栏的"颜色"选项组中选择"HID水晶金属卤化物灯（暖色调）"单选按钮，如图7-18所示。

（8）进行渲染，效果如图7-19所示。

实例7.3　Web灯光使用

（1）选择菜单栏中的"文件"→"打开"命令，打开要演示的场景文件"7.3web灯光使用.max"，如图7-20所示。

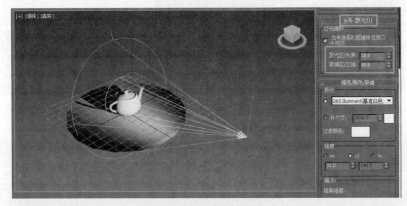

图7-17　调整光影分布范围

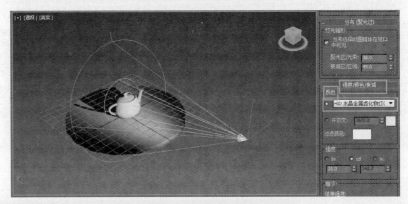

图7-18　更改灯光颜色

图7-19　渲染效果

图7-20　打开场景文件

（2）在场景中添加一个光度学自由灯光，如图 7-21 所示。

（3）在"常规参数"卷展栏的"阴影"选项组中勾选"启用"复选框，如图 7-22 所示。

（4）在"灯光分布（类型）"选项组的下拉列表中选择"光度学 Web"，如图 7-23 所示。

（5）在"分布（光度学 Web）"卷展栏中单击"选择光度学文件"按钮，在打开的对话框中选择"31.IES 文件"，并将"分布（光度学 Web）"卷展栏中的"X 轴旋转"与"Y 轴旋转"分别设置为 90 与 -10，如图 7-24 所示。

（6）渲染效果如图 7-25 所示。

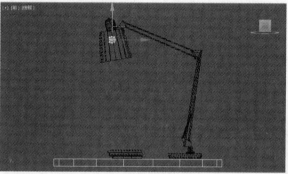

图7-21　创建光度学自由灯光　　　　　　　　　　　　　　图7-22　启用阴影

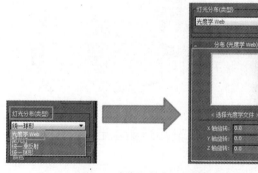

图7-23　光度学自由灯光类型　　　图7-24　Web灯光分布　　　图7-25　渲染效果

7.3　摄像机

7.3.1　摄像机介绍

在 3ds Max 中，建模完成后，光源、材质决定了画面的色调，而摄像机决定了画面的构图。为了能够得到一张效果好的图片，需要从各个方向来观察和渲染它。在 3ds Max 中提供了两种观察场景的方式：透视视图和摄像机视图。

透视视图和摄像机视图的用途一致，虽然都是用来观察场景内的画面效果的，但是摄像机视图更便于构图。所以在进行最终渲染时，应该使用虚拟摄像机，在摄像机视图内进行取景构图，如图7-26所示。

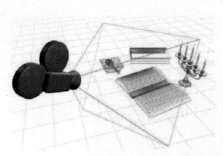

图7-26　3ds Max摄像机

7.3.2　摄像机术语

图7-27所示的摄像机成像时，A为摄像机的焦距，B为摄像机的视野。

1. 焦距

焦距是光学系统中衡量光的聚集或发散的度量方式，是指平行光入射时从透镜光心到光聚集之焦点的距离。镜头的焦距不同，实际拍摄出来的画面在视觉上也会发生变化，也就是画面视角的变化。焦距以毫米为单位，通常焦距为50 mm的镜头为摄像机的标准镜头，焦距小于50 mm的镜头为广角镜头，焦距为50~80 mm的镜头为中长焦镜头，焦距大于80 mm的镜头为长焦镜头。

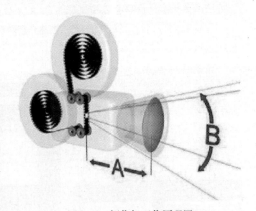

图7-27　摄像机工作原理图

2. 视野

视野是用来控制场景可见范围的大小的，单位为"地平角度"。这个参数与镜头的焦距有关，例如，50 mm镜头的视角范围为46°，镜头越长视角越狭窄。短焦距（宽视角）会使焦距透视失真，而长焦距（窄视角）能够降低透视失真。50 mm镜头最接近人眼的视角，所以产生的图像比较正常，多用于快照、新闻图片以及电影制作中。

7.3.3　创建摄像机

3ds Max中的摄像机，是一种模拟光学原理的虚拟摄像机工具。它可以对取景进行构图控制，受到渲染设置中的"图像纵横比"参数的控制，该参数可以改变输出图像的长宽比例，调整该参数，可以输出横向图像，也可以输出纵向图像，如图7-28所示。

图7-28 摄像机镜头

3ds Max 只包含标准摄像机，标准摄像机分为目标摄像机和自由摄像机两种，如图 7-29 所示。

目标摄像机用于观察目标点附近的场景内容。目标摄像机包括摄像机和目标点两部分，这两部分可以单独进行控制调整，也可以分别设置，如图 7-30 所示。目标摄像机的创建方法如下：

（1）在"创建"面板中单击"摄像机"按钮，设置摄像机类型为"标准"，单击"目标"按钮。

（2）在视图中（建议在顶视图），在要放置摄像机的地方按下鼠标左键，然后拖曳至要放置目标点处释放鼠标左键。

图7-29 标准摄像机类型

自由摄像机用于观察摄像机方向内的场景内容，多用于轨迹动画。自由摄像机的方向能够跟随路径的变化而变化，可以无约束地移动和拍摄，如图 7-31 所示。自由摄像机的创建方法如下：

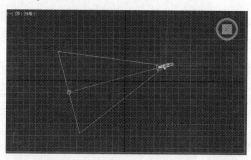
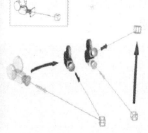

图7-30 目标摄像机

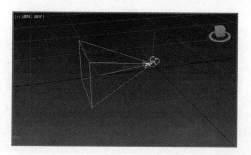

图7-31 自由摄像机

（1）在"创建"面板中单击"摄像机"按钮，设置摄像机类型为"标准"，单击"自由"按钮。

（2）选择合适的视图窗口单击创建自由摄像机。

7.3.4 摄像机参数

3ds Max 中的摄像机与真实的摄像机一样可以调整镜头的焦距。摄像机"参数"卷展栏如图 7-32 所示。

（1）镜头：用于设置摄像机的镜头焦距。它和"视野"文本框中的数值是相互依存的。改变其中任何一个文本框中的数值，另一个文本框中的数值也会相应改变。

（2）视野：描述通过摄像机镜头所看到的区域。默认状态下，视野参数是摄像机视图锥体的水平角度。不同视野的画面显示范围不同，可以用来调整镜头内画面的显示内容。

镜头的焦距越小，"视野"文本框中的数值越大，摄像机表现的效果是离对象越远；镜头的焦距越大，"视野"文本框中的数值越小，摄像机表现的效果是离对象越近。图 7-33 至图 7-36 所示为不同镜头焦距下的视野的区别。

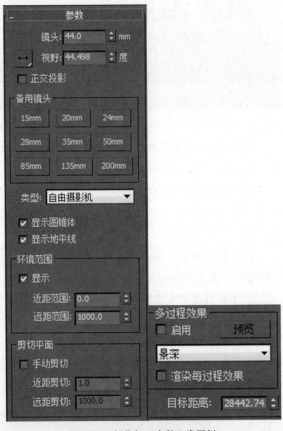

图7-32　摄像机"参数"卷展栏

图7-33　15 mm焦距的镜头

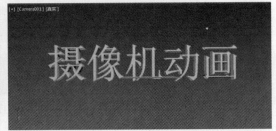

图7-34　35 mm焦距的镜头

图7-35　50 mm焦距的镜头

图7-36　85 mm焦距的镜头

（3）正交投影：可以使摄像机视图和用户视图风格相似，取消选中该复选框，可以使摄像机视图和透视图风格相似。

（4）备用镜头：可以调整固定镜头标准。

（5）类型：用于改变摄像机的类型，可以在自由摄像机与目标摄像机之间切换。

（6）显示圆锥体：用于设置是否显示摄像机的显示范围所形成的角锥。

（7）显示地平线：用于设置是否显示地平线。勾选该复选框时，摄像机视图中会显示一条暗黑色的线表示地平线位置。

（8）环境范围：设定摄像机取景的远近区域范围。

①显示：用于设置是否在视口中使用摄像机角锥中的黄色长方形显示"近距范围"和"远距范围"。

②近距范围：设定环境取景效果作用距离的最近范围。

③远距范围：设定环境取景效果作用距离的最远范围。

（9）剪切平面：设定摄像机作用的远近范围。

①手动剪切：以手动的方式来设定摄像机切片作用是否启动。

②近距剪切：设定摄像机切片作用的最近范围。

③远距剪切：设定摄像机切片作用的最远范围。

（10）多过程效果：使用这些控件可以指定摄像机的"景深"或"运动模糊"效果。

在"多过程效果"选项组中选择"景深"效果，将会显示"景深参数"卷展栏。"景深参数"卷展栏如图7-37所示。

图7-37　"景深参数"卷展栏

①焦点深度：当"使用目标距离"复选框处于取消勾选状态时，该选项可以用来设置距离偏移摄像机的深度。

②显示过程：勾选此复选框，在渲染窗口将显示多个渲染通道。取消勾选此复选框，渲染窗口只显示最终结果。此控件对于在摄像机视口中预览景深无效。

③使用初始位置：勾选此复选框后，第一个渲染过程位于摄像机的初始位置。取消勾选此复选框后，与所有随后的过程一样，偏移第一个渲染过程。

a. 过程总数：用于生成效果的过程数。增大此值可以增加效果的精确性，但却以增加渲染时间为代价。

b. 采样半径：通过移动场景生成模糊的半径。增大该值将增加整体模糊效果；减少该值将减淡整体模糊效果。

c. 采样偏移：模糊靠近或远离采样半径的权重。增加该值将增加景深模糊的数量级，提供更均匀的效果；减小该值将减小景深模糊的数量级，提供更随机的效果。

④过程混合：由抖动混合的多个景深过程可以由该选项组中的参数控制。这些选项只适用于渲染景深效果，不能在视口中进行预览。

a. 规格化权重：使用随机权重混合的过程可以避免出现诸如条纹这些人工效果。当勾选"规格化权重"复选框后，将权重规格化，会获得较平滑的结果。当取消勾选此复选框后，效果会变得清晰一些，但通常颗粒状效果更明显。

b．抖动强度：控制应用于渲染通道的抖动程度。增大此值会增加抖动量，并且生成颗粒状效果，尤其在对象的边缘。

c．平铺大小：设置抖动时图案的大小。取值范围是0~100，0是最小的平铺，100是最大的平铺。

⑤扫描线渲染器参数：使用这些控件可以在渲染多重过滤场景时禁用抗锯齿或禁用过滤。禁用这些渲染通道可以缩短渲染时间。

禁用过滤：勾选用此复选框后，禁用过滤过程。默认设置为禁用状态。

在"多过程效果"选项组中选择"运动模糊"效果时，将会显示"运动模糊参数"卷展栏，如图7-38所示。与"景深参数"卷展栏相比，"运动模糊参数"卷展栏少了焦点深度参数，其余参数设置一样。

"运动模糊"是根据场景中的运动情况，将多个偏移渲染周期抖动结合在一起后所产生的模糊效果。与景深效果一样，运动模糊效果也可以显示在线框和实体视图中。其操作方法与"景深"一样。

图7-38 "运动模糊参数"卷展栏

（11）目标距离：使用自由摄像机，将点设置为不可见的目标，以便可以围绕该点旋转摄像机。使用目标摄像机，表示摄像机和其目标点之间的距离。

实例7.4 摄像机景深练习

（1）选择菜单栏中的"文件"→"打开"命令，打开要演示的场景文件"足球、排球.max"，如图7-39所示。

（2）在"创建"面板中单击"摄像机"按钮，设置摄像机类型为"标准"，单击"目标"按钮，在场景中创建一个目标摄像机，如图7-40所示。

（3）调整摄像机位置及镜头和视野参数，会发现摄像机内成像发生变化，如图7-41所示。

（4）在"多过程效果"选项组中勾选"启用"复选框，如图7-42所示。

（5）为了让渲染出的图片有前后对比关系，需要调整"景深参数"卷展栏中"采样数据"选项组中的参数，将"过程总数"设置为4，"采样半径"设置为15，如图7-43所示。

图7-39 打开场景文件

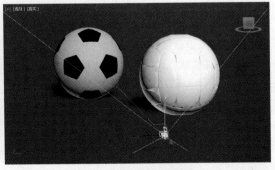

图7-40 创建目标摄像机

图7-41 调整镜头和视野参数

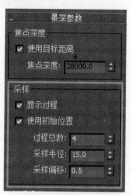

图7-42 启用景深

图7-43 采样参数设置

（6）渲染效果如图 7-44 所示。

从渲染效果图中可以看到，排球虽然模糊，但是有重影。这是因为将采样"过程总数"的值设置得太小，如果将采样"过程总数"的值调高，画面的模糊效果会更好，但是渲染成图的时间会变长。运动模糊的效果设置也是一样的道理。

实例 7.5　摄像机运动模糊练习

在实例 7.4 设置好动画的场景视口中，选中摄像机，启用摄像机的多过程效果，并将效果改为"运动模糊"，效果如图 7-45 所示。

图7-44 渲染效果

图7-45 摄像机运动模糊效果

练习题

1. 利用本章所学知识，制作一个标准灯光场景，并布置自由摄像机。
2. 利用本章所学知识，制作一个光度学灯光场景，并布置目标摄像机。
3. 利用本章所学知识，谈谈景深与运动模糊的区别。

第8章　动画制作

动画是 3ds Max 的精华所在，它具有非常强大的动画编辑功能。在 3ds Max 中，生成的动画一般分为两种：关键帧动画和运动路径动画。关键帧动画是指使用动画记录器记录下动画的各个关键帧，在关键帧之间自动插补计算，得到关键帧之间的动画帧，从而形成完整的动画。运动路径动画是在轨迹视图窗口中为运动路径指定运动曲线，由软件生成动画。

8.1　三维动画

8.1.1　关键帧动画

帧是动画最基本的组成元素，一帧就是动画过程中的一个画面，要制作动画就需要大量的帧。传统的动画制作是将一幅幅画好的动作连续的画，按照动作的正常顺序排好后，然后快速地播放这些画面，利用人的视觉暂留原理，就形成了一系列会动的画，也就是动画。传统动画需要一张张地绘制出所有的帧，所以计算机动画有了关键帧这一概念。关键帧用来记录每一个短小动画片段的起始点和终点，这些关键帧的值称为关键点。关键点将整个动画分为许多片段，先绘制出每个片段的起始动画和终止动画的图像，然后在每两个关键点之间进行自动插值计算，填在关键帧之间的图像被称为中间帧，最后再将所有片段连接起来，从而完成整个动画制作。相对于传统动画，计算机动画通过计算机绘制图形，并且可以随时修改，使得编辑更为简捷方便，从而大大提高了工作效率。传统动画与早期的三维动画制作，都是逐帧地生成动画，这种动画只能适用于单一格式，而且不能在特定时间指定动画效果。3ds Max 2015 制作的动画是基于时间的动画，它测量时间并存储动画值，通过"时间配置"对话框可以选择最符合作品的时间格式，很好地解决了基于帧时间动画和基于动画之间的对应问题。

8.1.2 动画帧与帧速率

在 3ds Max 中生成动画最常用的方法是关键帧法。关键帧是指在三维动画软件中用以描述对象的位移情况、旋转方式、缩放比例、变形变换和灯光、相机状态等信息的关键画面。在这一系列的动画中，其中的每一张静态的画面被称为"帧"，平均每秒所播放的图片张数被称为帧速率，在 3ds Max 中用"FPS"表示。

在 3ds Max 中常用的几种帧速率的格式为：

（1）PAL 制：即 25 帧 / 秒。这是一种电视的制式，主要用于中国和欧洲各地。

（2）NTSC 制：即 30 帧 / 秒。这是一种电视的制式，主要用于美国和日本地区。这种制式也是 3ds Max 中默认的帧速率。

（3）Film 格式：即 24 帧 / 秒。这种制式普遍用于电影播放的格式。

（4）Custom 格式：这种格式允许用户自定义帧速率，用户可以根据自己的需要调整帧的速率。

8.2 动画控制区界面的认识

8.2.1 动画时间轴

动画帧数的长短以及在哪一帧需要刻上怎样的动画都是在时间轴上调整的，如图 8-1 所示。

图8-1 时间轴

"时间滑块"：移动该滑块，显示当前帧号和总帧号，拖动该滑块可观察视图中动画的效果。

8.2.2 关键帧设置区

关键帧设置区用于设置关键点，如图 8-2 所示。

图8-2 关键帧设置区

（1）■ "设置关键点"：在当前时间滑块处于的帧位置创建关键点。

（2）自动 "自动关键点"：自动关键点模式。单击该按钮呈现红色，将进入自动关键点模式，并且激活的视图边框也以红色显示。

（3）设置关键点 "设置关键点"：手动关键点模式。单击该按钮呈现红色，将进入自动关键点模式，并且激活的视图边框也以红色显示。

（4）"新建关键点的默认入/出切线"：为新的动画关键点提供快速设置默认切线类型的方法，这些新的关键点是用"自动关键点"或"设置关键点"创建的。

（5）过滤器... "关键点过滤器"：用于设置关键帧的项目。

8.2.3　动画时间控件

动画时间控件用于在调整动画时控制动画的播放、暂停以及播放模式等，如图8-3所示。

图8-3　动画时间控件

（1）"转至开头"：即将时间滑块移动到第一帧。

（2）"转至结尾"：即将时间滑块移动到最后一帧。

（3）"上一帧"：即将时间滑块跳转至上一帧。

（4）"下一帧"：即将时间滑块跳转至下一帧。

（5）"播放动画"：即播放当前视图中的动画。

（6）"关键点模式切换"：在单击此按钮时，按钮和分别变成按钮和。

（7）"当前帧"：即显示动画所处的当前帧数。

（8）"时间配置"：设置与时间相关的功能参数。

8.2.4　动画时间设置

单击"时间配置"按钮后会弹出如图8-4所示的对话框。

1．帧速率

帧速率用于设置动画帧的速率，共有NTSC、PAL、电影、自定义四种方式可供选择。只有在选择了"自定义"以后才可以调整下面的"FPS"文本框中的数值。

2．时间显示

时间显示主要用于设置动画帧在时间滑块上的显示形式。一般不做调整，默认为帧的显示形式。

图8-4　"时间配置"对话框

3．播放

（1）实时：勾选该复选框，可以在视口中以设置的帧速率播放动画。

（2）仅活动视口：勾选该复选框，会以设置的帧速率在激活的视口中播放动画，若取消勾选该复选框，会以设置的帧速率在所有视口中播放动画。

（3）循环：勾选该复选框，会以设置的帧速率在视口中循环播放动画。

（4）速度：此选项组用于设定视口中动画的播放速率。

4．动画

（1）开始时间：设置播放动画的起始帧位置。

（2）结束时间：设置播放动画的结束帧位置。

（3）长度：用于设置从"开始时间"到"结束时间"之间的时间长度。当改变"开始时间"和"结束时间"文本框中的数值时，"长度"文本框中的数值会自动改变；当改变"长度"文本框中的数值时，"开始时间"文本框中的数值不会改变，"结束时间"文本框中的数值会自动改变。

（4）帧数：显示"开始时间"至"结束时间"之间的总帧数。

（5）当前时间：用于设置当前时间滑块的位置。

（6）重缩放时间：单击该按钮会弹出图8-5所示的对话框，该对话框用于拉伸或收缩活动时间段的动画。

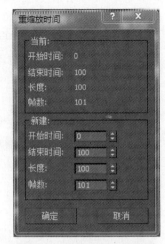

图8-5　"重缩放时间"对话框

8.3　设置关键点动画

实例8.1　手动设置关键帧制作弹跳的小球

（1）创建小球。打开3ds Max 2015，在透视图中创建一个球体，如图8-6所示。在"参数"卷展栏中将"半径"改为20，如图8-7所示。

（2）修改小球轴心。在前视图中选择小球，切换至"层次"面板，单击"仅影响轴"按钮，如图8-8所示，打开"移动变换输入"对话框，在"绝对：世界"选项组中将"Z"调整为-20，如图8-9所示，然后关闭"移动变换输入"对话框，再次单击"仅影响轴"按钮。

（3）将小球坐标归0。在透视图中选择小球，在"选择并移动"按钮上右击，打开"移动变换输入"对话框，将"绝对：世界"选项组中的坐标全部归0，如图8-10所示，然后关闭"移动变换输入"对话框。

（4）制作弹跳的小球——移动属性关键点的设置。在前视图中，开启"自动关键点"按钮，如图8-11所示。将时间滑块移动至第20帧的位置，如图8-12所示，打开"移动变换输入"对话框，在"绝对：世界"选项组中将"Z"调整为100，如图8-13所示，表示小球向上跳动100个单位。

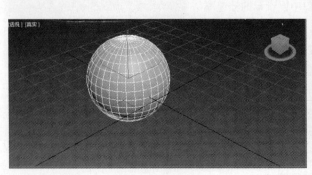

图8-6　创建球体

图8-7　调整小球半径

图8-8　单击"仅影响轴"按钮

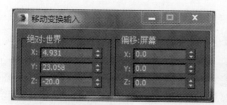
图8-9　调整"Z"值

图8-10　调整世界坐标数值

图8-11　开启"自动关键点"按钮

图8-12　时间滑块移至第20帧

（5）再将时间滑块移动至第40帧的位置，如图8-14所示，打开"移动变换输入"对话框，在"绝对：世界"选项组中将"Z"调整为0，如图8-15所示，表示小球向下跳动至起始位置。

图8-13　调整"Z"的值

（6）制作弹跳的小球——缩放属性关键点的设置。在透视图中，保持"自动关键点"处于开启状态，将时间滑块移动回第0帧的位置，选择缩放属性，打开"缩放变换输入"对话框，在"绝对：局部"选项组中将"Z"调整为70，如图8-16所示，调整小球起跳时的形状。

（7）将时间滑块移动至第20帧的位置，打开"缩放变换输入"对话框，在"绝对：局部"选项组中将"Z"调整为100，如图8-17所示，让小球在空中最高点时，保持原始形状不变。

（8）将时间滑块移动至第40帧的位置，打开"缩放变换输入"对话框，在"绝对：局部"选项组中将"Z"调整为70，让小球在落地时的形状有所变化，如图8-18所示。

（9）制作弹跳的小球——位置属性关键点的设置。在透视图中，保持"自动关键点"处于开启状态，将时间滑块移动至第20帧的位置，选择移动属性，打开"移动变换输入"对话框，在"绝对：世界"选项组中将"X"调整为100，如图8-19所示，使小球在上弹的过程中位置上也有移动。

图8-14　移动时间滑块至40帧

图8-15　将"Z"调整为0

图8-16　将"Z"调整为70

图8-17　将"Z"调整为100

（10）保持"移动变换输入"对话框打开，将时间滑块移动至第40帧的位置，在"绝对：世界"选项组中将"X"调整为200，如图8-20所示，使小球在落地时的位置有所移动。

图8-18　小球缩放关键点设置

图8-19　将"X"调整为100

图8-20　将"X"调整为200

（11）调整小球运动速率。在透视图中选择小球，将时间滑块移动至第0帧的位置，切换至"运动"面板，单击"参数"按钮，单击"位置"按钮，并将"位置轴"设置为"Z"，如图8-21所示，调整小球在z轴上的运动速率。

（12）在调整小球的运动速率之前，要先了解小球的运动轨迹，通过图8-22所示的小球运动轨迹能够看出，小球在最低点时的速度是最快的，在最高点时的速度是最慢的，所以在"运动"面板中，将小球在最低点时的速度调整为最快，将小球在最高点时的速度调整为最慢，这样的运动轨迹才符合现实生活中小球的运动轨迹。

（13）在"运动"面板中，保持"自动关键点"处于开启状态，在"关键点信息（基本）"卷展栏中，将时间滑块移动至第40帧的位置，将"将切线设置为自动"改为"将切线设置为快速"，表示速度改为最快，如图8-23所示，然后将时间滑块移动至第20帧的位置，将"将切线设置为自动"改为"将切线设置为慢速"，表示速度改为最慢，如图8-24所示。

（14）此时小球弹跳运动基本上已经制作完成，如果在第60帧以及第80帧的位置上分别复制第20帧以及第40帧的关键帧，那么小球就可以连续跳动了。复制关键帧的方法是：按住Shfit键，同时按住鼠标左键拖曳关键帧到需要的位置。也可在复制的关键帧处，将"自动关键点"开启，调整z轴的坐标数值，使得小球越往后面跳动时，上升的最高高度越低，这样更符合小球的正常运动规律。

图8-21　"运动"面板设置参数

图8-22　小球运动轨迹

图8-23　第40帧小球速度改为最快

图8-24　第20帧小球速度改为最慢

8.4 制作摄像机动画

实例 **8.2** 制作摄像机动画

（1）打开 3ds Max，在"创建"面板中单击"图形"按钮，设置图形类型为"样条线"，在"对象类型"卷展栏中，单击"文本"按钮，在"文本"输入框中输入文字"摄像机动画"，然后在前视图中单击创建文本，如图8-25 所示。

图8-25 创建文本

（2）在"修改器列表"中选择"倒角"修改器，给文字添加倒角，如图8-26所示，在"倒角值"卷展栏中修改倒角参数，如图8-27所示。

（3）在顶视图中创建目标摄像机，如图8-28所示。

（4）选择透视图，按C键进入摄像机视图，在顶视图中移动调整摄像机的位置，同时观察摄像机视图中文字在画面中的位置，如图8-29所示。

（5）将时间滑块移动至第0帧的位置，打开"自动关键点"，将时间滑块调整至第100帧的位置，在顶视图中移动摄像机的位置（注意只选中摄像机，不要选中摄像机目标点），如图8-30所示。

（6）关闭"自动关键点"，然后将时间线上第0帧的关键帧与第100帧的关键帧位置互换，选择摄像机视图播放动画，一段简单的摄像机动画就制作完成了。

图8-26 添加"倒角"修改器

图8-27 设置倒角参数

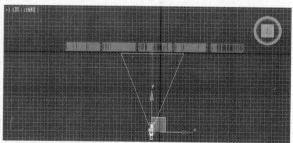

图8-28 创建目标摄像机

图8-29 切换摄像机视图

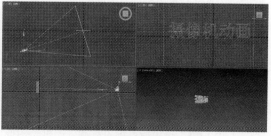

图8-30 设置摄像机动画

8.5 轨迹视图——曲线编辑器

在 3ds Max 2015 中，几乎所有可调节的参数都是可以记录成动画的，这就说明了"轨迹视图"的重要性，因为"轨迹视图"是动画创作的重要窗口，所有动画的关键点都会在"轨迹视图"中显示出来，因此可以通过"轨迹视图"来精确地修改动画。

"轨迹视图"有两种不同的模式，即"曲线编辑器"和"摄影表"，在"轨迹视图"的窗口模式菜单中可以选择切换两种模式。"摄影表"窗口将动画的所有关键点和范围显示在一张数据表格上，可以很方便地编辑关键点和帧等。"轨迹视图"是动画制作中最强大的工具，它的绝大多数关键帧的调整和编辑都是在"曲线编辑器"模式中完成的，所以我们通常会将"轨迹视图"停留在"曲线编辑器"模式上。

"曲线编辑器"属性栏如图 8-31 所示，属性栏中的各按钮功能解释如下：

图8-31 曲线编辑器

（1）■ "移动关键点"：可任意移动选定的关键点，在移动的同时按住 Shift 键可复制关键点。

（2）■ "绘制曲线"：可在"轨迹视图"窗口中直接绘制新的曲线或者修正当前曲线。

（3）■ "添加关键点"：可在自己需要的曲线位置上单击，添加关键点。

（4）■ "区域关键点工具"：框选一个区域的关键点。

（5）■ "重定时间工具"：在视口中双击可重新设定该关键点的时间。

（6）■ "平移工具"：平移视口时所使用的平移工具。

（7）■ "缩放工具"：缩放视口时所使用的缩放工具。

（8）■ "缩放区域"：缩放选定的区域。

（9）■ "将切线设置为自动"：用于选择关键点，单击后可将切线设置为自动切线，下拉列表中的两个按钮可以分别将切线设置为入切线和出切线。

（10）■ "将切线设置为样条线"：可将关键点设置为样条线。

（11）■ "将切线设置为快速"：可将关键点设置为快速内切线、快速外切线或两者均有，这些取决于下拉列表中的三个不同的按钮选择。

（12）■ "将切线设置为慢速"：可将关键点设置为慢速内切线、慢速外切线或两者均有，这些取决于下拉列表中的三个不同的按钮选择。

（13）■ "将切线设置为阶跃"：可将关键点设置为阶跃内切线、阶跃外切线或两者均有，这些取决于下拉列表中的三个不同的按钮选择，使用阶跃来冻结从一个关键点到另一个关键点的移动。

（14）■ "将切线设置为线性"：可将切线设置为线性变化。

（15）■ "将切线设置为平滑"：可将切线设置为平滑变化。

8.6 动画输出设置

8.6.1 三维动画的制作流程

在 3ds Max 中，制作三维动画有以下七个步骤。

1．建模阶段

通过三维建模软件在计算机中绘制出角色模型和场景。这是三维动画中很繁重的一项工作，需要出场的角色和场景中出现的物体都要建模。

2．材质贴图

材质即材料的质地，就是为模型赋予生动的表面特性，具体体现在物体的颜色、透明度、反光度、反光强度、自发光及粗糙程度等特性上。贴图是指把二维图片通过软件的计算贴到三维模型上，形成表面细节和结构。对具体的图片要贴到特定的位置，三维软件使用了贴图坐标的概念。一般有平面、柱体和球体等贴图方式，分别对应于不同的需求。模型的材质与贴图要与现实生活中的对象属性相一致。

3．灯光

灯光的设置，目的是最大限度地模拟自然界的光线类型和人工光线类型。三维软件中的灯光一般有泛光灯（如太阳、蜡烛等四面发射光线的光源）和方向灯（如探照灯、手电筒等有照明方向的光源）。灯光起着照明场景、投射阴影及增添氛围的作用。灯光设置通常采用三光源法：一个主灯，一个补灯和一个背灯。主灯是基本光源，其亮度最高，主灯决定光线的方向，角色的阴影主要由主灯产生，主灯通常放在正面的 3/4 位置处，即角色正面左边或右边 45° 处。补灯的作用是柔和主灯产生的阴影，特别是面部区域，常放置在靠近摄像机的位置。背灯的作用是加强主体角色及显现其轮廓，使主体角色从背景中突显出来，背灯通常放置在背面的 3/4 位置处。

4．摄像机控制

依照摄影原理在三维动画软件中使用摄像机工具，可以实现分镜头剧本设计的镜头效果。画面的稳定、流畅是使用摄像机的第一要素。摄像机只有情节需要时才使用，不是任何时候都使用。摄像机的位置变化也能使画面产生动态效果。

5．动画

动画是指运用已设计的造型在三维动画制作软件中制作出动画片段。动作与画面的变化通过关键帧来实现，设定动的主要画面为关键帧，关键帧之间的过渡由计算机来完成。三维软件大都将动画信息以动画曲线来表示。动画曲线的横轴是时间（帧），竖轴是动画值，可以从动画曲线上看出动画设置的快慢急缓、上下跳跃。

6．渲染

渲染是指根据场的设置、赋予物体的材质和贴图、灯光等，由程序绘出一幅完整的画面或一段动画。三维动画必须渲染才能输出，造型的最终目的是得到静态或动画效果图，而这些都需要渲染才能完成。渲染通常输出为 AVI 格式的视频文件。

7. 后期合成

影视类三维动画的后期合成，主要是将之前所做的动画片段、声音等素材，通过非线性编辑软件的编辑，最终生成动画影视文件。

8.6.2 渲染输出设置

实例 8.3 动画的渲染输出

（1）打开实例 8.2 中制作的摄像机动画案例，在工具栏中单击"渲染设置"按钮，打开"渲染设置：默认扫描线渲染器"对话框，如图 8-32 所示，在"公用"选项卡的"公用参数"卷展栏的"时间输出"选项组中，选择"范围"单选按钮，将"范围"的数值调整为自己想要输出的帧数区间，如图 8-33 所示。将"输出大小"选项组中的"宽度"和"高度"值分别设置为自己想要输出的视频的宽高值，如图 8-34 所示。

（2）单击"渲染输出"选项组中的"文件"按钮，如图 8-35 所示，在打开的"渲染输出文件"对话框中，设置"文件名""保存路径"和"保存类型"，如图 8-36 所示，单击"保存"按钮，弹出"文件压缩设置"面板，保持默认参数不变，单击"确定"按钮。在"渲染设置"对话框最下方，将"查看"改为"Camera01"，单击"渲染"按钮，等待渲染完成。

图8-32 "渲染设置：默认扫描线渲染器"对话框

这种渲染设置是为了预览方便，直接输出为 AVI 影片格式，但是当用户确定所有模型、动画、灯光、摄像机、材质等都没有问题之后，可将输出格式改为 JPEG 或者 TGA，这样渲染出来的图片，基本上可以控制到很小的压缩，保证画面的质量和清晰度，然后将这些图片导入后期剪辑合成软件中，调整色彩饱和度等基本参数，再输出为影片格式。这样的方式，既保证了影片的质量，又可以在后期软件中进一步调整影片的细小缺陷。

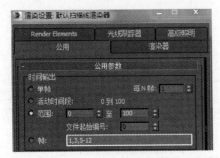

图8-33 输出时间范围设置

图8-34 输出视频大小设置

图8-35 输出文件设置 图8-36 设置文件存储路径

 练习题

1. 利用本章所学知识，制作一个弹动的篮球或者乒乓球，要求分析篮球或乒乓球在弹动时的形状变化以及运动轨迹变化，尽可能地还原篮球或乒乓球真实的弹跳运动。

2. 利用本章所学知识，制作一段 300 帧的摄像机运动动画。

参考文献 References

[1] 李洪发，周冰. 3ds Max 2012 中文版基础教程 [M]. 北京：人民邮电出版社，2014.

[2] 王海英，詹翔. 3ds Max 2012 中文版基础教程 [M]. 2 版. 北京：人民邮电出版社，2014.

[3] 来阳，成健. 3ds Max 2015 中文版从入门到精通 [M]. 北京：人民邮电出版社，2017.

[4] 谭雪松，邓倩，刘长江. 3ds Max 2015 中文版基础教程 [M]. 北京：人民邮电出版社，2016.

[5] 周涛. 3ds Max 2010 完全自学教程 [M]. 北京：中国铁道出版社，2011.

[6] 周鹏程，陈福. 3ds Max 2012 动画制作实例教程 [M]. 2 版. 北京：人民邮电出版社，2012.

[7] 邬厚民. 3ds Max 2013 动画制作实例教程 [M]. 3 版. 北京：人民邮电出版社，2015.

[8] 詹翔，王海英. 从零开始：3ds Max 基础培训教程 [M]. 3 版. 北京：人民邮电出版社，2005.